"乡愁记忆传统村落"富媒体丛书

FUSHU ZHI DI——

DENGFENG DAJINDIAN MINJU

负黍之地
——登封大金店民居

宗迅　朱丽博

皇甫妍汝 —— 著

河南大学出版社
HENAN UNIVERSITY PRESS

·郑州·

图书在版编目（ＣＩＰ）数据

负黍之地：登封大金店民居 / 宗迅，朱丽博，皇甫
妍汝著 . -- 郑州：河南大学出版社， 2018.11
 ISBN 978-7-5649-3587-0

 Ⅰ．①负… Ⅱ．①宗… ②朱… ③皇… Ⅲ．①民居－
研究－登封 Ⅳ．① TU241.5

中国版本图书馆 CIP 数据核字（2018）第281383号

策　　划	靳开川
责任编辑	韩　璐　姜　畅
责任校对	林方丽
装帧设计	高枫叶

出　　版　河南大学出版社
　　　　　地址：郑州市郑东新区商务外环中华大厦 2401 号　　邮　编：450046
　　　　　电话：0371-86163953（融媒体事业部）
　　　　　　　　0371-86059701（营销部）
　　　　　网址：hupress.henu.edu.cn
印　　刷　河南瑞之光印刷股份有限公司

版　次	2018 年 12 月第 1 版	印　次	2018 年 12 月第 1 次印刷
开　本	787 mm×1092 mm　1/16	印　张	15.75
字　数	203 千字	定　价	168.00 元

总　序

　　近年来，人们常常提到"乡愁"这个词，如"淡淡乡愁""记住乡愁""唤起乡愁""留住乡愁"，如此等等。显然，人们已把乡愁与殷殷的桑梓之情或割舍不断的精神家园联系在了一起，使其成为中华文化根系的重要表征之一。

　　那么，这种种乡愁具体表现于哪些方面呢？"唯有门前镜湖水，春风不改旧时波"（贺知章《回乡偶书二首》），这是关乎自然环境的；"君自故乡来，应知故乡事。来日绮窗前，寒梅著花未？"（王维《杂诗三首》其二）这是对故园人、事的追忆；"露从今夜白，月是故乡明"（杜甫《月夜忆舍弟》），这是自古传承的审美意象；"遥夜人何在，澄潭月里行。悠悠天宇旷，切切故乡情"（张九龄《西江夜行》），这是从月夜起兴而至内在情感的直抒；还有"家在梦中何日到，春生江上几人还？川原缭绕浮云外，宫阙参差落照间"（卢纶《长安春望》），则是对故乡城池、建筑及形貌的记叙与抒写。由此观之，乡愁是一种浓重沉郁、温婉绵长的情愫，它既无形又有形，既内在亦外显，既浸润于心灵也融渗于物象，处在这特有的文化语境之中的人们都可以深切地感受到。

　　而那些在经年累月中形成又代代相承、相传的传统村落，无疑是这既包含着物质又漾出精神的、丰富复杂的乡愁之最重要的载体之一了。

　　传统村落，原称"古村落"，主要是指1911年以前所建村落。2012年9月，经传统村落保护和发展专家委员会第一次会议决定，将习惯称谓的"古村落"改为"传统村落"。有学者认为，传统村落传承着中华民族的历史记忆、生产生活智慧、文化艺术结晶和民族地域特色，维系着中华文明的根；作为我国乡村历史、文化、自然遗产的"活化石"和"博物馆"，它寄托着中华各族儿女的乡愁，是中华传统文化的重要载体和中华民族的精神家园。

近年来，中国传统村落的保护与发展问题日益受到关注。2012年，我国启动中国传统村落保护工作。2014年，住房和城乡建设部、文化部、国家文物局、财政部联合发出《关于切实加强中国传统村落保护的指导意见》建村〔2014〕61号。2012、2013、2014年，先后有三批中国传统村落名录公布。2016年12月9日，第四批中国传统村落名录公布。凡此表明，这些昔日不为人识的文化宝藏，已闪烁出愈来愈鲜明的光彩。我们希望，呈现在读者面前的这套"乡愁记忆传统村落"富媒体丛书，能够洞开一扇面向世界的窗牖，让这些富有诗意和文化意味的传统村落及其保护展现在世人面前。

传统村落兼有物质与非物质文化遗产的双重属性，包含了大量独特的历史记忆、宗族传衍、俚语方言、乡约乡规、生产方式等。这些文化遗产互相融合，互相依存，构成独特的整体。它们所蕴藏的独特的精神文化内涵，因村落的存在而存在，并使其厚重鲜活；同时，传统村落又是各种非物质文化遗产不能脱离的生命土壤。在传承的历史过程中，传统村落既承载着它的文化血脉和历史荣耀，又与生产生活息息相关。在此意义上，传统村落的建筑无论历史多久，又都不同于古建；古建属于过去时，而传统村落始终是现在时。这些传统民居，富含建筑学、历史学、民俗学、人类文化学和艺术审美等多方面的重要价值，起着记载历史、传承文化的作用。

但是，在一些急功近利、喧嚣浮躁的区域，传统村落的保护面临巨大的压力，尤其是随着我国城镇化建设进程的加快，传统村落遭到破坏的状况日益严峻，加强传统村落保护迫在眉睫。"让居民望得见山、看得见水、记得住乡愁"，2013年12月召开的中央城镇化工作会议提出了这样一句充满温情的话语。如上所说，那些如古树、池塘、老井、灰墙以及涓涓细流、山川草甸等的物象，承载着无数人儿时的记忆，它是很多人魂牵梦萦的成长符号。这种作为中国人的精神家园的"乡愁"，不应该随着城镇化而消失，它应当有处安放，能被守望，得以传承！

"乡书何处达？归雁洛阳边。"（王湾《次北固山下》）

"老家河南"，当之无愧。中原地区是华夏文明的发祥地之一，悠久的历史文化，形成了独具一格而又南北兼容的传统民居建筑特色。这些传统村落，既有其不可替代的历史文化价值，也寄托着中原儿女心头那一抹浓浓的"乡愁"。它们一方面反映了以河洛文化为中心的中原文化丰厚的历史积淀，同时也显现出其吐故纳新、厚德载物的生命活力。

河南的传统民居建筑包括窑洞、砖瓦式建筑、石板房以及现代平顶房，特色鲜明。窑洞，是由于地理、地质、气候等多种因素而形成的一种独特的民居建筑形式。"见树不见村，进村不见房，闻声不见人"，三门峡地区的地坑院又是窑洞民居中一种独具特色的建筑形式。还有太行山地区的石板建筑，石梯、石街、石板房、石头墙……无不和大自然和谐共生、融为一体，堪称河南民居中的一绝。石板岩镇所有的建筑和生活器具都是就地取材，无不体现了建筑者的智慧和对自然的尊重，形成自己独有的地方特色，形成一种极富地方文化魅力的民居建筑。同时，传统的儒家文化思想，在河南民居建筑中有着明显的体现。无论是处处可见的漏窗、木雕、砖雕、石雕，还是高大的门第和牌坊，大都镌刻有中原地区所特有的忠孝节义、礼义廉耻等传统美德故事，从厅堂到居室也大都张挂字画、楹联和警句，既使室内充满了人文气息，又潜移默化地起着警示和教育后人的作用。河南传统民居还可以看到一种"人、社会、自然"三重意义的和谐，体现出独特的儒家和谐建筑理念。河南地区至今仍保留着的传统古民居，多为明清时期所建，集建筑、规划、人文、环境于一体，是河南所在的中原文化与中国传统儒家文化重要的物质载体和文化遗产。另外，在工艺设计与建造风格上，河南民居也兼有南方之秀和北方之雄，具有独特的历史文化与艺术审美价值，值得我们进行深入的探索和挖掘。

目前，河南省共有220个村落入选中国传统村落名录。为了弘扬中原厚重的历史文化，我们策划出版了这样一套"乡愁记忆传统村落"富媒体丛书，旨在系统性、完整性、学术性地整理和展现传统村落，让更多的人了解传统村落，继承我国传统村落建筑文化，为传统村落的保护与发展提供必备的参考与借鉴。

此外，为更好地展现中国传统村落建筑简史、村落形制、土木建筑、建筑平面与空间形态、建筑形态、民俗文化艺术等，这套丛书利用虚拟现实技术（VR）和增强现实技术（AR），以传统纸质出版物为主要载体，开发了传统村落 App，使该书不但具有传统图书的形式，又包含有音频、视频、三维模型、三维动画等多种富媒体资源，利用智能终端进行全方位的深度阅读体验。

"君自故乡来，应知故乡事。"我们愿渐次展开家乡的那些美好画卷，打开故园的那些动人意蕴！当然，中国传统村落如同浩瀚无垠的宇宙，我们在有限的时间内试图抓取和整理无限的文化财富将是非常困难的。因此，我们首先选取了河南地区的部分传统村落组织出版，希望本丛书的出版发行能够起到抛砖引玉的作用，能够引起广大读者对中国传统村落的兴趣，启发更多的人了解她、走近她、思考她，进而用自己的实际行动来保护她，为后世子孙留下值得铭记和传承的珍贵遗产，以守住我们传统村落所特有的文化"基因"。

张云鹏

2018年12月

目　录

第一章 综述

改革开放以来，经济的飞速发展，高速的现代化、城市化进程，使得承载着历史记忆的历史街区、传统民居在城市的现代化改造中迅速消失，城市面貌急速地走向趋同，千城一面的现象日趋严重。历史街道是历史的产物，随着时代的发展而发展，不同地域的历史街道由于受经济、文化、地理环境等因素的影响，其发展体现着所在地域的独特个性与价值。在现代社会各方面高速发展的形势下，妥善保护有地域特色的传统文化遗产，持续传承与创新地域传统文化，已成为社会较为热点的话题之一。体现物质文化和非物质文化活态传承，承载农耕文明存续状态的传统村落，及以往较少被关注的普通而平常的民居建筑，陆续受到媒体报道，逐渐开始被更多的人了解、认识。

郑州是中原经济区中心城市，同时拥有国家历史文化名城、中国优秀旅游城市等诸多头衔，然而，在郑州市内及周边除了遗存丰厚的遗址、遗迹之外，能反应地域风貌的乡土建筑越来越少，现有的遗存大多分散在周边县市（县级市）的村镇中。这些历史街道、传统民居在农村城镇化、现代化的背景下，不断地发展变化。目前郑州市民居建筑文化遗产入选各级文物保护单位、历史文化名镇名村、传统村落的共计62处。对同时入选国家及省级文物保护单位、传统村落、历史文化名镇名村的案例做重复计数，共计78处（次）。（见表1-1）

郑州所辖登封市是郑州市传统村落遗存数量最多的地区，大金店镇大金店老街[1]就是其中之一。

---

[1] 本书主要涉及的"大金店老街"是指大金店寨墙遗址范围内，以大金店老街的主街为主线，涵盖自东向西，南北分布的金东、金中、金西三个行政村落。

表 1-1　郑州市入选各级文物保护单位、历史文化名镇名村、传统村落情况

单位（处）

类型 \ 位置	巩义市	登封市	荥阳市	新密市	惠济区	新郑市	上街区	中原区	二七区	管城区	金水区	中牟县	合计
全国重点文物保护单位	3	—	—	—	—	—	—	—	—	—	—	—	3
河南省文物保护单位	7	1	3	—	—	—	1	—	—	—	—	—	12
郑州市文物保护单位	6	1	3	4	2	3	1	2	—	—	—	—	22
中国历史文化名镇名村	—	—	—	—	1	—	—	—	—	—	—	—	1
河南省历史文化名镇名村	1	2	1	—	1	—	1	—	—	—	—	—	6
中国传统村落	1	5	1	1	—	—	—	—	—	—	—	—	8
河南省传统村落	4	15	3	4	—	—	—	—	—	—	—	—	26
合计	22	24	11	9	4	3	3	2	0	0	0	0	78

数据来源：国家文物局网站、河南文物网、郑州市文物局网站、河南省人民政府网站、中华人民共和国住房和城乡建设部网站等。

一、大金店镇地理位置

大金店老街所在的大金店镇位于登封市区西南，东与东华镇相邻，

西同石道乡接壤，南与汝州市相接，北与少林办事处毗邻，东南与白坪乡接壤，西南与送表乡搭界。距登封市区12公里，东距许昌80公里、东北距郑州88公里，西距洛阳80公里，南至南阳250公里。[1] 国道207、343和省道323在此交汇，交通便利。

二、镇名由来及变迁

大金店镇自古以来为交通、商业、军事重镇。据《登封市志》记载，大金店镇古有负黍聚之称。[2] 相传"负黍"一名的由来，与许由[3]有关，上古时的五帝之一尧帝想把天下禅让给辅臣许由，许由坚辞不受，便"遁耕于中岳，颍水之阳，箕山之下"，自己躬耕为食。为了生计，他经常背负黍籽到大金店这一"农产品集散之地"进行交换，人们便将此地取名为负黍。

据《登封市志》记载，周朝时登封境内有负黍邑。1987年负黍城遗址被公布为第一批郑州市文物保护单位，遗址位于登封东南15公里大金店镇南城子村附近颍河南岸台地上，东有安庙河，西有段村河，两河交汇向北流入颍河。城南靠青红岭，南高北低，一面靠山，三面环水，地势险要。据《左传·定公之羊》记载："郑于是乎代冯、滑、胥靡、负

---

[1] 段双印：《大金店镇志》，河南人民出版社，2014，第1页。

[2] 登封市地方志编纂委员会：《登封市志》，中州古籍出版社，2008，第5页。

[3] 许由（公元前2155年—？），一作许繇，字仲武，一作道开，阳城槐里人（今河南登封箕山人），上古时期的一位高洁清节之士。

黍、狐人、阙外。"[1]《史记·秦本纪》载：昭襄王"五十一年将军摎攻韩，取阳城、负黍"。[2] 可知负黍城是军事要地，也是春秋战国时期郑、韩两国的边防重镇。此城为西周时所建，沿用至春秋战国时期。[3]

《登封市志》中提到的大金店镇古称负黍聚，名称由来与负黍城有关。[4]

《汉书·地理志》记有豫州的两郡六国，两郡中有颍川郡，颍川郡中，"阳城有嵩高山，洧水、颍水出。有铁。有负黍聚"。《续汉志》中载"阳城有负黍聚"。可说明负黍聚的存在。其中所谓"聚"应为民间自发形成的集市的雏形，《史记·五帝本纪》中有"一年而居成聚，二年成邑，三年成都"之说。

综上，负黍聚应该是在颍河谷地的负黍城一带，由民间自发形成的物物交换场所。

现在的大金店镇政府地处登封西南13公里，颍河北岸。与负黍城隔颍河相望。颍河谷地土地肥沃、物产丰富，在原始社会末期，这里就已出现了"日中为市，以物换物"的形式。

东汉末年，曹操在许昌大战张飞，张飞溃不成军，节节败退，一直退到白庙街（即现在的大金店东500米的朱家坪东南）。张飞在危急之中放火焚烧白庙街，借浓烟的掩护，率军向南逃脱。而白庙街百姓的家园被大火烧毁，逃向了负黍聚，在负黍聚开始建家设店兴业，至此，两街

---

[1] 左丘明：《左传下》，上海古籍出版社，2016，第947页。

[2] 司马迁：《史记》，岳麓书社，2002，第40页。

[3] 郑州市地方史志编纂委员会：《郑州市志》第7分册，中州古籍出版社，1998，第115页。

[4] 郑州市地方史志编纂委员会：《郑州市志》第7分册，中州古籍出版社，1998，第1517页。

合并。负黍聚在白庙街西，按照五行之说，西方属金。同时，金乃所有财物之富贵雅称，此地又是经济交往和商贸重地，店铺林立、资金雄厚，可谓黄金遍地。为此人们公议，将负黍聚更名为金店。[1]

大金店镇明确记载于北宋庆历二年（1042年）设镇，在一些史书中也有佐证：一是北宋谢绛（994—1039年）于天圣十年（1032年）所作的《游嵩山寄梅殿丞书》中有"申刻，出登封西门，道颍阳，宿金店"的记载。还有范公偁的《过庭录》中有写道："嵩山道中小市曰金店，范贠学究居焉。"据此，可以说北宋以前就有了金店。

南宋时，金兀术[2]入主中原。天会三年（1125年）金兀术随金军攻宋，克汤阴，围东京（今河南省开封市）。1127年4月，金军攻下东京，徽宗、钦宗二帝降，北宋灭亡。天眷三年（1140年）5月，金兀术率金军主力进攻南宋，夺回了归还南宋的河南、陕西地区，却在顺昌府（今安徽省阜阳市）败于刘锜，在中原败于岳飞。金军受到南北夹击，多方受阻，不敢再战，金兀术在登封退守至金店一带。他的两个儿子都是帐下大将，长子驻扎点为"大军点"，次子驻扎点为"小军点"。[3]

金兀术将位于"大军点"的崔府君庙改建为南岳庙。按照当时金国的建筑风格形式，大兴土木，建造了规模壮观的南岳庙。其认为，有了"位配南岳"即算五岳俱占。至此，金兀术将位于"大军点"的金店改称为"大金殿"，"小军点"称为"小金殿"。"殿"与"店"同音，又改称为"大金店""小金店"。"大金"有炫耀大金国国威之意，大金店之名由此而定。大金店在此期间属于金管辖。按时间推断，大金店的命名

---

[1]　雷银三、雷长明：《大金店街志》，2012，第17-36页。（内部资料）

[2]　金兀术（？—1148），本名完颜宗弼，金太祖完颜阿骨打第四子，女真族。

[3]　吕江水、王寿元、牛金库：《登封县情》，郑州古籍出版社，1992，第186页。

当在1142～1143年间，迄今已有八百多年的历史。

　　本书涉及的"大金店老街"，在国家住房和城乡建设部等七部委公布的第三批列入中国传统村落名录的村落名单中，公布为郑州市登封市大金店镇大金店老街；在河南省住房和城乡建设厅等部门公布的首批河南省传统村落名录中，公布为登封市大金店镇大金店老街村。本书使用国家住房和城乡建设部等七部委公布的名称。

三、大金店镇的建制沿革

　　大金店镇在尧、舜、禹时称负黍聚，属阳城县。西周、陶唐、有虞时，负黍为县级建制，周为财畿属崇高。周制五户为一邻，五邻为一间，五间为一族，五族为一党，党也，朋也，党以上为县。春秋属郑，战国属韩。秦属颍川郡颍阳县，三国时称金店，唐属登封县，宋朝设金店镇，金改称大金店，此名历经元、明、清各代沿用至今。明设金店保，辖大小二镇一屯。清末为金店里，下辖五十三个村。民国初年仍沿用清朝建制。里设团练局，里下有村。民国十八年（1929年）废里改区，金店为第六区。区下为乡，乡下设间，间下有邻。民国二十五年（1936年）改区立署，实行联保制。金店为第二区，区署下实行保甲编制。民国三十一年（1942年）撤区设乡、镇，金店乡改为金店镇，镇下辖二十个保。直至中华人民共和国成立。[1]

　　中华人民共和国成立后，大金店镇属郑州专区，后属开封专区。

_____

[1]　段双印：《大金店镇志》，河南人民出版社，2014，第1-2页。

1948年5月，登封全县设7个区，大金店为登封第二区，区政府设在大金店村。1950年3月，为了土地改革的顺利进行，又废村为乡，大金店乡辖大金店街、袁桥、王沟。1954年冬，登封出现合作化高潮，大金店东、西街分别成立了颍河社和金颍社两个高级农业合作社。1955年8月，撤销石道区，全县共设城关、金店、君召、唐庄、告成、大冶6个区。1956年5月，又划分为23个中心乡和65个一般乡。这期间大金店村是中心乡的所在地。1958年6月，登封县成立了24个人民公社。当年8月，登封县调整为7个人民公社，大金店是跃进人民公社。1961年春季，农村集体食堂解散，登封县由7个公社改为6个区，下设29个公社。这时的大金店区辖大金店、东金店、寺庄、送表、王上等5个公社。大金店老街是公社所在地。1962年6月，全县行政区划调整，原有的6个区、29个小公社撤区并社，建立12个大公社，大金店是第5公社。大金店老街是大金店公社的所在地。这时的大金店公社下设6个管理区，共有34个大队，175个生产队，413个专业队。1963年，全县撤销管理区。1963年之后的大金店老街一直是大金店公社的所在地，大金店公社有29个大队，247个生产队。大金店老街为大金店大队建置。1983年，开封地区撤销，登封县划归郑州市，改属郑州市管辖。1984年改公社为乡镇。原公社下属的生产大队改为行政村，生产大队所属的生产队改为村民小组。大金店公社改为大金店乡。1989年12月，大金店老街划分为3个行政村即金东村、金中村和金西村。1994年5月30日，经国务院批准登封县撤县设市，变为郑州市所辖的县级市之一。1994年9月，大金店撤乡建镇，自此至今，大金店老街一直是大金店镇党委、镇政府的所在地。大金店镇辖34个行政村，251个村民组，总户数15171户，总人口62991人。[1]

四、自然条件

大金店镇属暖温带大陆性气候，四季分明。北有嵩山、少室山、冠子岭，御寨山为少室山主峰，海拔1512.4米；南有东西走向宛如巨龙的大熊山、颍河；东有太后庙河；西有沙锅河。整体地形西高东低、南北高中间低，丘陵、谷地并存，河滩、川地居中，村域面积680公顷，村庄占地面积30.04公顷，平均海拔319米，呈现背山面水、山水环抱的格局。

大金店老街周边现存3条古河道，分别为颍河、太后庙河、沙锅河。颍河位于大金店老街南寨墙外，与南寨墙平行，自西向东流过。太后庙河位于大金店老街东寨门外，自西北向东南汇入颍河。沙锅河在大金店老街西寨门西，自北向南注入颍河。大金店老街地处3条古河道的汇合处，故有"五龙朝凤"之说。[2]

五、大金店老街的商业

大金店老街地处颍河谷地，土地肥沃，物产丰富，交通便利，自古以来就是通往汝州（今平顶山汝州）、伊川（今洛阳伊川）、登封城（今

---

[1]　段双印：《大金店镇志》，河南人民出版社，2014，第21页。

[2]　雷银三、雷长明：《大金店街志》，2012，第17-36页。（内部资料）

郑州登封)、禹州(今许昌禹州)的交通枢纽，商业文明发达。明末清初集市贸易已较昌盛。清、民国初年，大金店就成为登封主要集镇之一。[1]

《登封县志》载，明朝嘉靖八年(1529年)，"县东25里有大镇(卢店)，县东30里有告成镇，县东50里有大镇(大冶)，县西80里有颍阳大镇，县西南25里有大小二镇(大金店、东金店)"。隆庆三年(1569年)，全县集镇发展到13个。

清康熙十五年(1676年)，登封县把全县10多个集镇合并为8大集镇，清乾隆年间，登封全县8大集镇，大小商号500多家。大金店(在县南25里金代南岳庙旧址)为其中之一。

清朝末年和民国时期，随着生产的发展和人口的增长，登封集镇又有发展，素有十大集镇十小集镇之说，大金店是十大集镇之一。

旧时的十大集镇既是地方行政机关的所在地，建有寨墙，以防兵乱，也是群众逢集赶会进行商贾贸易的中心市场。大金店也因其特有的地利之便，很早就成为登封境内的集市贸易之地，很是繁盛、热闹。明清时期，大金店以南岳庙为中心，向东西延伸逐步形成三里长街。清末民初，军阀混战，自然灾害频繁，商业萧条。民国二十一年(1932年)，商业又开始复兴，全县私人商户发展到1532家，大金店、卢店、告成、颍阳、大冶5个集镇商业较为繁荣。特别是大金店、卢店两地，由于地点适中，吞吐量大，除本地商贩外，山西、禹县(今许昌禹州)、偃师、孟津等地的商人也接踵而至。粮行、花店、京广杂货等有名气的坐商[2]就有100多家。坐商一般资本大，货物全，善经营，生意灵活，交易广泛。每逢

---

[1]　段双印：《大金店镇志》，河南人民出版社，2014，第299页。

[2]　坐商，指有固定地点营业的商人。

集日，四方客商和赶集群众人山人海，大街小巷商品陈列琳琅满目，热闹非凡。当时，大金店老街南北商铺林立，集市货物吞吐量大，成为远近闻名的"小上海"。[1]

明清至民国时期，按《登封工商志》中对新中国成立前登封县十大集镇商行分布情况的统计，民国时期大金店有坐商87户。全县比较有名的商行共有125家，大金店老街就有29家，远远超过排在第二的大冶19家、排在第三的城关12家。另有小商小贩摆摊设点300多个。中华人民共和国成立后，大金店也一直是登封第一大镇。

（一）集日

集市是商品交易的场所，贸易是商品交换的形式，登封集市贸易历史悠久。早在原始社会末期，人们就在这里生息，从事贸易活动。"帝舜迁于负黍"，他们为了解决部落与部落之间的生活需要，曾在此进行产品交换，那时没有固定的市场和货币，而是"日中为市，以物易物"。自春秋战国时期，随着冶金业和手工业的发展，集市的规模逐渐壮大。明清时期，大金店老街以南岳庙为中心，两旁店铺林立，加上有固定摊位的流动商贩和季节性出售农副产品的人员，大金店成了登封县最有名的商贸集镇。

集日，是群众集中进行商品交易活动的日期。大金店的集从古到今是双日集，单日为背集。近几十年来，即使是背集，大金店的固定商店也照常开门营业，很多流动摊贩也照样出摊，市场上人数也不少，买卖并不冷清，有些门店的营业收入也是可观的。有些人专门在背集购物，

[1]　雷银三、雷长明：《大金店街志》，2012，第15页。（内部资料）

因为背集市场不拥挤，乘车不拥挤，便于挑选商品，理发、镶牙等候的时间短，中午在饭店吃饭也清净，所以背集生意不背。

（二）古庙会

古庙会也叫古刹会，旧社会多数是群众烧香求神的迷信活动，也有的是在农闲季节，农民为了庆丰收组织的集会形式，时长一天，或两至三天，会期内还会请剧团助兴。广大农民群众携儿带女，有的是求神拜佛，有的是游玩散心，也有的是顺便购买些生产、生活用品。"会"也需要确定的日期，即需要"起会"，而"起会"往往要借助于寺庙，借祈福的名义开展文化娱乐、商品贸易活动。

大金店老街的古庙会是农历六月初六，这个时间与位于大金店老街主街中段的南岳庙府君殿有关。府君殿供奉的是崔府君，崔府君据说掌善恶、阴阳，南宋以来在民间香火很盛。据说崔府君是六月初六诞辰，所以，宋金时大江南北凡有府君庙的地方，大都要六月初六举行纪念活动，带动当地的商品贸易，形成古庙会。[1]

正月初七是火神的诞辰日，每年正月初七举行火神庙会。会期三天，正月初五早七点上供，供品是当地人们为祈求一年的平安、风调雨顺、五谷丰登所供给神灵的礼品，正月初七晚撤供。会上连唱三天大戏，晚上有龙灯、烟火表演。初七这天大金店老街主道上锣鼓喧天，鞭炮齐鸣，彩旗招展，人山人海。在场表演的民间艺术团体达四十多家。有文社、武社表演，文社有高跷、旱船、秧歌等，武社有舞狮、舞虎、舞龙、武

---

[1] 雷银三、雷长明：《大金店街志》，2012，第46-47页。（内部资料）

术等，热闹非凡。正月初七晚上，在南拐[1]设有烟火棚，当晚会有铁礼花表演。

位于大金店老街北拐北寨门外、始建于明清时期的奶奶庙每年的正月十三有古庙会，而位于大金店老街蔡家拐南端、南拐南寨门内的奶奶庙则是每年的六月十五日有古刹会。

1945年以前，每年农历五月十五日还举行大型祭祀老君活动，集中大金店老街的名厨，在老君宫（清光绪年间建造，1997年被拆除）摆大供，三台大戏大唱三天，五月十五日通夜演出。晚上有大型烟火表演，东寨墙上由北至南，摆放着火龙、火虎等各种造型，五颜六色的烟花绽放在夜空，照得东半街一片火红。

据村内老人讲述，除农历正月初七、正月十三、正月十六分别是街东段、北拐、街西段闹年的会日外，平时每个月大金店老街都是逢六逢十是会日。大金店老街的会日还有农历四月初八、九月初九、腊八等日期。南岳庙大门外附近正是赶会的中心。每到会日，临近各县和周围各乡的百姓、商贾、民间艺人都要来大金店老街赶会。

19世纪70年代末以前，大金店老街集和会的地点都已固定在以南岳庙为中心的主街。由于工农业生产的发展和人口增多，以及物品需求量的增大，集市贸易逐年扩大，日益繁荣。因此市场随之西延，于1974年发展到西寨门外。

---

[1]　大金店老街巷道均以"拐"命名，当地方言叫"拐儿"。

第二章　街巷空间

　　大金店老街依自然山水地势修建，据记载，早在100多年前，大金店老街南侧就有崔家拐、南拐、蔡家拐、北侧有北拐、庙拐、西北拐。周边由古寨墙围合，寨墙外有护寨河，寨墙高而厚，由黄土夯筑而成，东西南北四方建有五寨门。如今，除残存的部分寨墙以外，大部分寨墙及五个寨门已不复存在。根据村内熟知村史的老人介绍，可确认原东门、北门、西北门、西门及南门所在位置。联系西门与东门的主干道即为大金店老街的主街，是一条东西向街道，是大金店寨内的主要道路。大金店老街主街北侧的西北拐、庙拐、北拐，南侧的崔家拐、南拐、蔡家拐六条次要道路，是连接主街与大金店老街南北向的重要道路。这六条道路中有三条与南北方向的三个寨门连通，另外三条直通寨墙内侧，与主街一起把大金店寨内分成了大小不一、形态不规则的若干个板块。

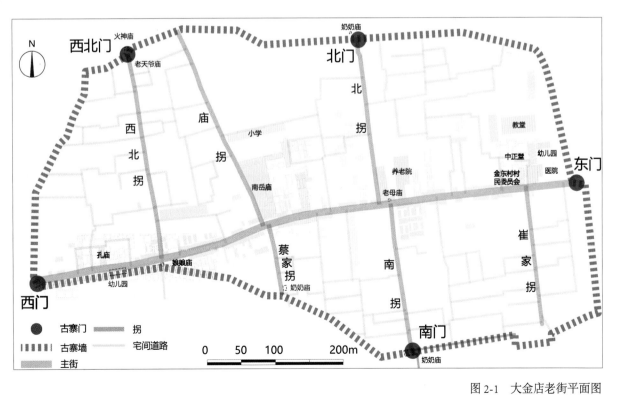

图2-1　大金店老街平面图

另外还有一些不能直接通到南北寨门和寨墙的巷道，长短宽窄不一，将大金店老街的住宅院落有机地连接起来，与主街及六条次要道路一起形成了大金店老街层次分明、富有变化的路网格局。(如图2-1)

一、寨门

据说，5个寨门中唯独东寨门上建有楼阁，楼阁是双檐歇山式，檐下一周施三踩斗拱，是一个威风气派的城门楼。楼阁上敬有神灵，楼阁下方寨门的上方嵌有刻着"负黍镇"字样的清石匾额。寨门是古砖圈砌结构，寨墙脚下有十米宽的壕沟，沟里有两米深的水，即护寨河。5个寨门都设有吊桥，开了寨门不落桥板也进不了寨内，易守难攻，寻常的土匪无可奈何。

东寨门现存石额一块，存于大金店金东村一组村民家中，《大金店街志》载：石额长1.34米，宽0.65米，厚0.13米，楷体书写"應箕"(应箕)二字(如图2-2)，有应对箕山之意。另外，右边刻有"大金店寨"，左边刻有"同治甲子建"字样，同治甲子年即同治三年，也就是1864年。

大金店老街的5个寨门中，有4个寨门原有石额，分别书有"應箕""瞻洛""日曦""望嵩"，西北寨门没有石额。

大金店老街东西长，南北短，北临颍河，依自然地势所修。大金店老街的主街是一条东西长街，街北地块相对较规整。街南由于受自然地势影响，西边自西门起至娘娘庙，寨墙临近主街；后斜向东南方向延伸，至蔡家拐南端的奶奶庙，与主街及蔡家拐之间形成似三角形小地块；之后，寨墙继续斜向东南方向延伸，在临近南门处东转至南门，与蔡家拐、

图 2-2　东寨门的石额

主街、南拐之间形成似梯形地块；南拐东边地块相对规整。南拐东西两侧面积较大，是主街南侧主要居住区。

大金店老街群众所种土地在寨子外北面最多，因此北面设有两个寨门——西北门和北门，而南面只设有南门。

二、寨墙

据村里老人叙述，大金店老街的周边原先就建有寨墙，初建时间无法考证。寨墙由黄土夯筑而成，高十一二米，下宽十六米左右，上宽四米左右。当时的寨墙上四角设有炮楼、烽火台。

清朝同治二年冬（公元1863年），金店督领带领村民重修城墙，开挖护寨河，用来抵挡反清捻军。新修的城墙比原来的城墙高且厚，并在5个寨门上加强了防卫工事。

目前,大金店老街仅残存5处古寨墙,第一处在西北拐北入口处路西(如图2-3),第二处在西北门往西门方向(如图2-4),第三处在蔡家拐南口往西门方向(如图2-5),第四处在蔡家拐南口往东(如图2-6),第五处在南门往西方向(如图2-7)。

图 2-3　古寨墙

图 2-4　古寨墙

图 2-5 古寨墙

图 2-6 古寨墙

图 2-7 古寨墙

三、大金店老街的主街

大金店老街的主街为东西走向，《大金店街志》描述主街全长约为 1500米，实测现存自西门起至东门之间的长度为814.6米，北侧建筑连续 立面宽度（含拐口）为800.4米，南侧为814.6米。自古大金店即为一个 商业重镇，主街发挥着不可忽视的作用。据《河南省登封县工商志》记 载，街道上老字号商铺众多，遍布街道南北，有粮行、花行、中药店、 饭铺、成衣店、杂货店等。主街上的南岳庙是兴起庙会后的商业活动中 心，商业活动由此向东西展开。（如图2-8）

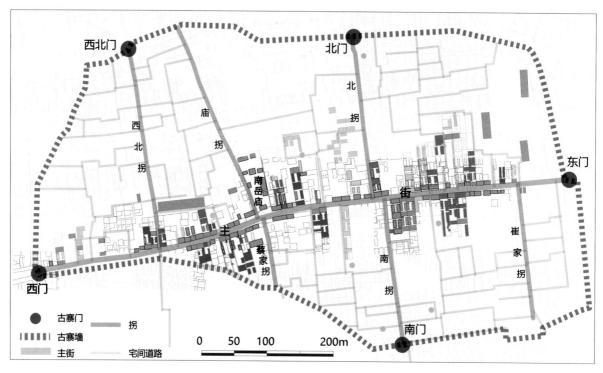

图 2-8　大金店老街的主街

　　主街西段（西门至西北拐）道路宽度4.5～6.7米，并自然弯曲，两侧建筑多为商业门面。中段（西北拐至南拐）道路宽度5.3～7.9米，两侧传统商铺林立，多为前商后住的建筑形式（如图2-9）。东段（南拐至崔家拐）道路宽度6.7～9.1米，两侧多为传统居住性建筑（如图2-10）。

　　据年长的村民回忆，主街的街道地面低于两旁建筑室内地坪约1米高度，且在街道两旁每家入户门前均有宽约1米、深2米的排水渠。每逢

图 2-9　大金店老街的传统商铺

图 2-10　大金店老街的传统民居

　　暴雨来临，排水渠就成了有效的防洪水道，将雨水汇入寨墙外的颍河，所以，即使在暴雨时期，屋内仍可保持干燥。

四、次要道路

　　大金店老街寨墙范围内的次要道路有西北拐、庙拐、蔡家拐、北拐、南拐、崔家拐。这六条次要巷道自古以来都一直存在，它们皆始于主街，分别向南北延伸，直到寨墙。它们与主街一起构成了大金店老街的鱼骨状道路骨架。次要街道的宽度也不尽相同，一般都在2～3米，街道内部变化不大。

（一）西北拐

　　西北拐又称阎家拐，位于主街西段路北，长约287.9米，与主街相连的路口宽3.4米左右。因阎姓人居多而得名，今多居住李姓、毕姓、何姓、阎姓人等。西北拐与位于寨墙西北角的西北门相连，是北边进出寨子的两条通道之一。（如图2-11、2-12）

图2-11　西北拐南口

图 2-12　西北拐

（二）庙拐

庙拐位于主街中段路北，长约302.7米，与主街相连的路口宽3.6米，因毗邻南岳庙而得名。（如图2-13至2-15）

（三）蔡家拐

蔡家拐位于主街中段路南，南岳庙对面，长约95.3米，与主街相连的路口宽2.2米，起初因蔡姓人居于此而得名，今已无蔡姓，多吉姓。（如图2-16至2-18）

图 2-13　庙拐南口

图 2-14　庙拐北口外

图 2-15　庙拐北口

图 2-16　蔡家拐

图 2-17 蔡家拐

图 2-18 蔡家拐南口

（四）北拐

北拐又叫郑家拐，位于主街中段路北，长约284.5米，与主街相连的路口宽3.5米，早期郑姓人居于此，因祖上清朝时期先后通过科举考试考中举人、拔贡而闻名。（如图2-19、2-20）

图 2-19　北拐北口

图 2-20　北拐南口

（五）南拐

南拐位于主街中段路南，长约245.4米，与主街相连的路口宽3.6米。因位于主街路南而得名，有梅、袁、牛等姓氏人居住于此。（如图2-21、2-22）

图 2-21 南拐口

图 2-22 南拐

（六）崔家拐

崔家拐位于主街东段路南，现金东村村委会对面，长约225.6米，与主街相连的路口宽约3米。此处原本是农户的菜田，居住人较少，后来在明末清初时期，崔姓从大金店镇太后庙村迁于此地，故名崔家拐。崔家拐后因无筋白菜的种植和崔氏立刀面而较为出名。（如图2-23）

五、宅间道路

现在，大金店老街的街道上除了原有的主街及六条次要道路外，还有许多新的道路与主街或次要道路相连。我们依照形成方式将其大致分

图 2-23　崔家拐北口

为三类。

　　第　种是为了满足远离主街的后面院落的通行，或者院落和次要道路之间的通行而形成的道路。此类道路随着建筑的边界形成，且由于各个建筑的边界不同，道路的形态、宽窄也不尽相同（如图2-24至2-32）。

图 2-24　通向后面院落的宅间道路

图 2-25　通向后面院落的宅间道路

图 2-26　通向后面院落的宅间道路

图 2-27　通向后面院落的宅间道路

图 2-28　临街房坍塌或拆除后慢慢形成的道路

图 2-29　通向后面院落的宅间道路

图 2-30　通往后面院落和道路的宅间道路

图 2-31　通往后面院落和道路的宅间道路

图 2-32　临街房坍塌或拆除后形成的道路

　　第二种是近年来，有些老房子经历了分家、改建、拆除、新建，有些不临街的院子为了通行的需要，在不妨碍临街院子居住者的隐私性和安全的前提下，逐渐产生的连通后面院子与主街的通行道路。（如图2-33）

　　第三种是为了满足远离主街的后排新建居住地块内部的交通需要而建的道路。这类道路是根据每家每户的宅基地所占空间规划而成的，道路笔直，建筑整齐划一，井然有序。（如图2-34）

　　大金店老街的六条次要道路中，崔家拐是在寨墙建成之后，由后迁来的崔姓居民为满足通行需要而修建。主街以及次要道路在整体布局中起到了分割又串联空间的重要作用，宅间道路又将后排的住宅与次要道路或主街连接在一起。大金店老街的整体空间并非按照严谨的几何网格进行布局，而是显现出自由组织的特征，可见，大金店老街的形成之初并未经过系统的规划。

图 2-33　分家后为满足不临街房屋通行而开辟的宅间道路

图 2-34　后排新建的居住地块因内部交通需要而建的道路

第三章　大金店老街主街的街道景观

芦原义信在《街道的美学》中提到："街道两旁必须排满建筑，形成封闭空间，这就像一口牙齿一样，由于连续性和韵律而形成美丽的街道，如果拔掉一颗牙齿，镶上一颗不同寻常的金牙，就会面目全非。同样，如果一幢建筑毁坏而另建一幢新的不协调的建筑，也就立即会打乱街道的均衡"。[1]

大金店老街以南岳庙为中心，东西两侧遗留下来连续性和韵律感较强的传统街道，南北两侧依然保持着较好的传统商业街的风貌。

然而，随着社会的不断发展，大金店老街几经兴衰，目前仍面临着诸多内在的矛盾与外在的问题，随着商业中心的西迁，沿街店铺闲置及自然损坏的不在少数，保护的形势仍不容乐观。一部分建筑损坏后因无人打理残破不堪，或是形成空地。另外，由于近些年居民物质生活条件的改善、使用需求的变化，对沿街的建筑进行改造、改建的也不在少数，改建的房屋在不同时期使用不同的材料，如红砖墙、预制混凝土楼板等，或用干粘石或瓷片对墙体进行保护、装饰，使得大金店老街的历史风貌受到一定程度的影响。

为了厘清大金店老街的街道景观特色，我们对大金店老街临街建筑进行了实地测量、分析，结合居民采访及专家采访，在分析现状的基础上明确大金店老街街道的景观形态特色，以便为以后保护发展对策的提出提供理论依据。

对大金店老街的实地调查主要通过影像采集、建筑测绘等收集建筑基础数据，通过居民访问把握建筑物的历史信息，通过对比建筑形态、材料，结合该地区的历史背景分析街道景观特点。

---

[1] 芦原义信：《街道的美学》，尹培桐译，华中理工大学出版社，1989，第31页。

如今，大金店老街的大部分寨墙及五个寨门已不复存在。我们对分布在主街北侧的西北拐、庙拐、北拐，分布在南侧的崔家拐、南拐、蔡家拐进行调查后，明确以最具代表大金店老街特色的主街西门至东门段两侧的沿街建筑（含已破损建筑及空地）为分析对象。基于现有的道路空间结构特征，将主街划分为若干段，结合街道景观的分布情况，分析各段的特征，探讨在今后的发展过程中，历史街区该如何应对环境的不断发展变化，保持自身的特色。

一、主街沿街建筑立面构成要素

大金店老街从建筑与空间的关系看，街道是由临街的建筑排列围合而成。临街的建筑大多是合院式院落的一部分，在当地称作临街房。在北方的合院民居中，因其跟正房相对，常被称为倒座或倒座房。沿临街房的中轴线向后排列的建筑，与临街房一起形成院落，院落宽度大多与临街房面宽同宽，受地形、家族规模、经济条件等因素影响，形成一进至多进院落。

临街房有屋顶、墙面、台基、大门等立面要素，是构成街道景观的主要元素。墙面与屋顶部分对建筑形象的影响举足轻重。由于近年大金店老街主街在对道路进行修缮时路基被抬高，建筑台基被路基追平或超出，部分建筑台基已无法辨认，因此不作为本次分析的重点。

大金店老街主街临街房屋顶形态大致可分为硬山式抬梁结构的坡屋顶、钢筋混凝土楼板结构的平屋顶及砖拱结构的平屋顶三种。从屋顶材质看，有传统的板瓦、彩色塑钢板、钢筋混凝土楼板、石棉瓦等。从墙面材料看，有青砖、土坯、石、红砖砌筑的墙体，也有在墙面上做干粘石、水泥等。临街房面向大街开门，作为院落或者店铺的出入口。

二、主街临街房的分类分析

大金店老街主街全长约814.6米，南北两侧共分布临街房145栋，另外有15处由于年久失修，原有临街房损坏，形成空地、菜地，还有在原有地基上修建围墙封闭院落的情况，共计160栋（处）[1]。

为了理解大金店老街的景观特色，将主街的临街房分别按层数、屋顶形态、屋顶材质、墙面材料、开间数、门的数量进行分析。

（一）层数

从临街房的层数上看，1层的有127栋，约占到临街房总数的79.4%[2]；2层的有18栋，约占11.3%；另外的15处，也就是临街房由于年久失修，原有建筑物损害后形成空地，或被居民当作菜地利用起来，或修建围墙封闭院落的占9.4%（如图3-1、3-2）。如此一来，便如同芦原义信所形容的那样，原有洁白成排的牙齿，如今却缺失了一部分，因此，因连续性和韵律而形成的美丽的街道失去了它的整体性和统一性。

---

[1] 由于建筑物在近代的分割使用，形成一些仅有一间的独立建筑，在此将其作为独立建筑进行统计。

[2] 本章计算百分比均保留到小数点后一位。

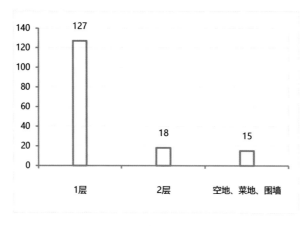

图 3-1　层数统计

（二）屋顶形态

从临街房的屋顶形态上看，大致可以分为三种：硬山式抬梁结构的坡屋顶建筑、钢筋混凝土楼板结构或彩钢板的平屋顶建筑、传统木架构或砖拱结构的平屋顶建筑。

硬山式抬梁结构的坡屋顶建筑共有78栋，约占临街房总数的48.8%，其中有67栋保存较完好，约占到总数的41.9%。硬山式抬梁结构的坡屋顶建筑是构成大金店老街传统风貌的重要元素，是了解大金店老街传统建筑的重要实物。另有11处，出现不同程度的损坏，甚至有一部分的房顶已经坍塌，通过现状及遗留建筑可明确判断其为坡屋顶建筑，这些约占到总数的6.9%。

钢筋混凝土楼板结构或彩色塑钢板的平屋顶建筑有64栋，这些平屋顶建筑都是在原有硬山式抬梁结构的坡屋顶建筑损坏以后，房主在原有房屋的基础上改建的相对较新的建筑，已占到总数的40.0%。这些平屋顶的新建筑，虽然不像已经变成空地、菜地、围墙的地块那样打破了大金店老街传统风貌的连续性，但却失去了联排坡屋顶的统一性与整体

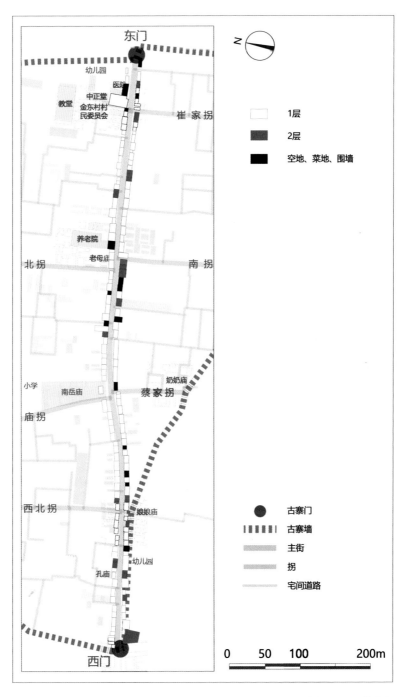

東门

幼儿园
医院
中正堂
教堂　金东村村
　　　民委员会

崔家拐

N

1层

2层

空地、菜地、围墙

养老院
老母庙

北拐

南拐

奶奶庙

小学　　　　　　　蔡家拐
南岳庙

庙拐

西北拐

娘娘庙

古寨门

古寨墙

主街

拐

宅间道路

孔庙　　幼儿园

西门

0　　50　　100　　　200m

图 3-2　层数分布

性。另外，现有的空地、菜地、围墙也是出于不同的原因，房主没有在原有地基上新建房屋，如果要建则不难想象，统一性与整体性将会面临更大的破坏。

传统木构架或砖拱结构的圆券顶建筑有3栋。学术界把窑洞民居分为靠山窑（靠崖式）、天井窑（下沉式）、明箍窑（砌筑式）三种类型，砖拱结构砌筑的平屋顶建筑实际上就是明箍窑，此类建筑在大金店老街寨墙内并不多见。（如图3-3、3-4）

有15处为原有临街房损坏而形成空地、菜地，以及在原有地基上修建围墙封闭院落的情况。

（三）屋顶材质

从屋顶材质看，主街的临街房建筑有传统材料（主要是板瓦和砖）、钢筋混凝土楼板、彩色塑钢板，以及在板瓦屋面破损之后采用彩色塑钢板、石棉瓦进行局部修补出现的混合材料。

使用传统材料的有64栋，占到40.0%，其中61栋为传统的坡屋顶，3

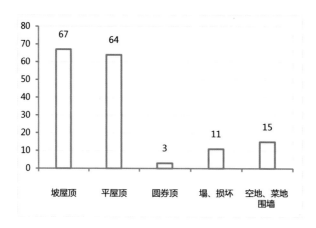

图 3-3　屋顶形态统计

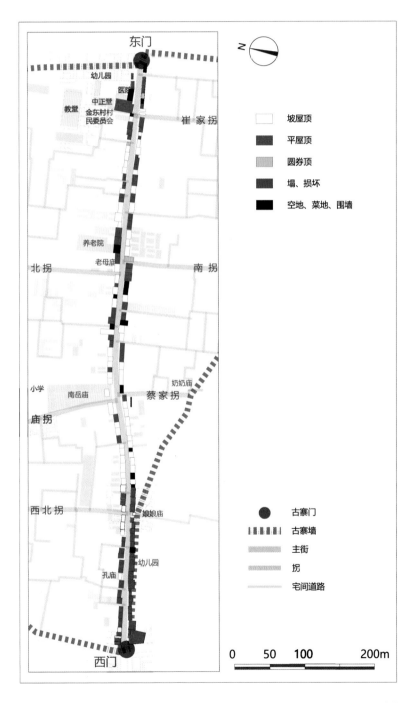

图 3-4 屋顶形态分布

栋为传统的平屋顶建筑。使用钢筋混凝土楼板的有60栋，占到37.5%。彩色塑钢板的有8栋，其中有4栋在坡屋顶板的上面，整体覆盖了彩色塑钢板，另外4栋是用彩色塑钢板建的平屋顶。混合材料的有4栋，为传统板瓦屋面破损之后采用彩钢板、石棉瓦进行局部修补，或局部改建钢筋混凝土屋面的情况。另外的24处屋顶材料无法辨别，除15处空地、菜地和围墙以外，9处是目前屋顶已坍塌的被确认为传统坡屋顶的建筑。（如图3-5、3-6）

（四）墙面材料

从墙面材料看，主要有青砖、土坯、石等传统材料，红砖、干粘石、水泥、瓷片饰面的新材料，以及局部用现代材料修补的混合材料，主要用于对墙面进行修补保护或美化装饰。

使用青砖、土坯、石等传统民居建筑中常见材料的建筑有48处，占到总体的30.0%。采用红砖、干粘石、水泥、瓷片饰面的有72处，占到总体的45.0%。局部用现代材料修补的混合材料有28处，占到总体的

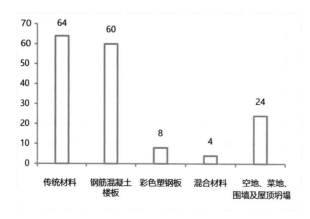

图 3-5　屋顶材质统计

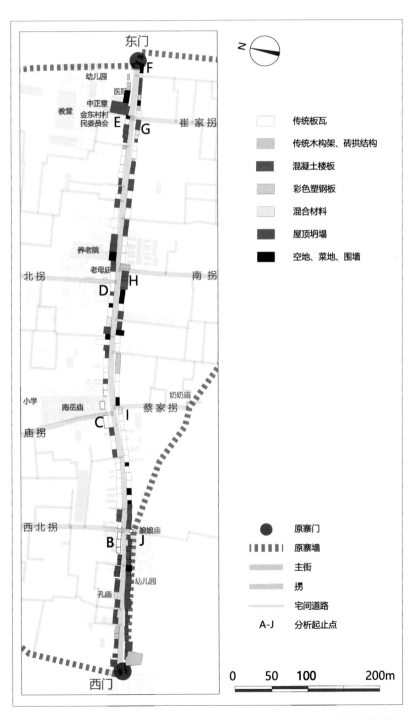

图 3-6 屋顶材质分布

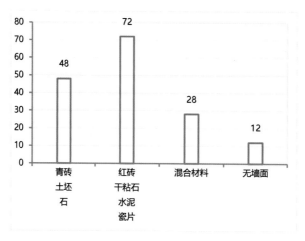

图 3-7　墙面材料统计

17.5%。墙体已坍塌或已形成空地、菜地的有12处，占到总体的7.5%。（如图3-7、3-8）

　　墙体材料从早期的青砖、土坯、石等传统材料，到后来出现的红砖，以及用于墙面保护、装饰用的水泥、干粘石，再到后来流行的瓷片，都显示了较强的时代信息，无疑也破坏了对建筑的形象起到举足轻重作用的墙体原本的整体统一感，有些路段甚至让人感到花里胡哨。

（五）开间数

　　从面宽的间数[1]上看，临街房的开间有1间、2间、3间、4间、5间、8间，以及部分横向院落。还有一部分空地、菜地、围墙，以及2处破损

―――――――――

　　[1]　我国古代建筑中，单体建筑的正面宽度通常称为面宽（或面域）。两峰梁架之间（四根柱内）所围合的面积称为间。传统民居建筑多以间为单位，联合数间共用一个屋顶，构成一栋房子。又以面宽几间来衡量或解释说明建筑的规模。后续建设的建筑虽已经不再使用传统的梁架结构，但通常仍以间作为房屋的最小单位。

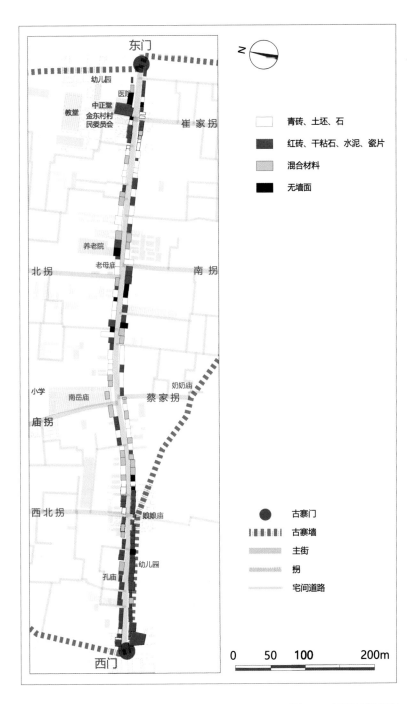

图 3-8　墙面材料分布

严重的临街房，已经无法辨识间数。

其中开间数为3间的建筑最多，有66栋，占到总数的41.3%；5间的有32栋，占总数的20.0%。2间的有17栋，占总数的10.6%；1间的有11栋，占总数的6.9%；4间的有6栋，占总数的3.8%；8间的有3栋，占总数的1.9%；另有8处横向院落或建筑（院落进深面与主街街道平行），占到5.0%。

传统民居中的临街房开间数以3间、5间较为常见，开间数为2间的大都是建筑基地地形狭窄，在临街面仅有2间宽度。仅有1间的临街房往往是随着建筑物的近代分割使用，局部建起的独立建筑。而4间的建筑往往是基地的宽度不足以建设5间建筑，而建3间建筑又略大的情况下建设的。

开间数为8间的建筑是在20世纪六七十年代由民居改建而成，后来做过百货商店、供销社饭店。(如图3-9、3-10)

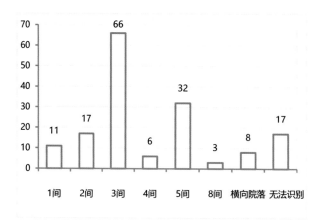

图 3-9　开间数统计

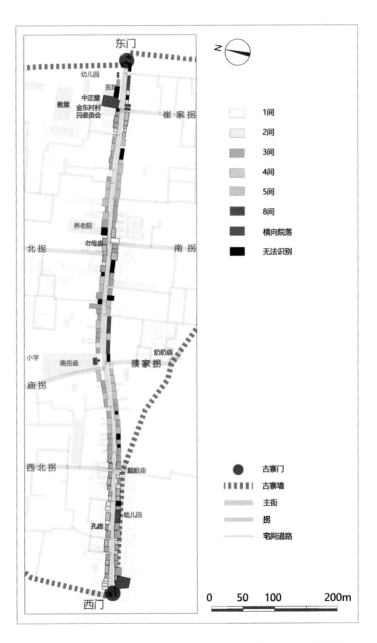

东门

N

幼儿园
医院
中正堂
金东村村
民委员会

教堂

崔家拐

1间
2间
3间
4间
5间
8间
横向院落
无法识别

北拐

养老院
老母庙

南拐

小学   奶奶庙
南岳庙
庙拐   蔡家拐

西北拐

娘娘庙

古寨门
古寨墙
主街
拐
宅间道路

孔庙   幼儿园

西门

0   50   100   200m

图 3-10   开间数分布

（六）门的数量

从门数上看，一般开1至5个门，另外还有未在临街面开门或是临街面的门已被封堵的案例。

主街的临街房中，1个门的有38处，占到23.8%，2个门的有51处，占到31.9%，3个门的有46处占到28.8%，4个门的有2处占1.3%，5个门的有4处，占到2.5%。另外19处中，空地、菜地有12处，其余7处是未在临街面开门或是临街面的门被封堵。(如图3-11、3-12)

从实地调研中可知，作为住宅的居住类建筑早期以大家庭为单位共同使用一个院落，在一个家庭的生活系统下一般只开一个大门作为出入口。后因家族形态、生活方式的变化，原有院落被多个小家庭共同使用，院落为不同所有者所有，为了实现小家庭生活的私密性、独立性、便利性，有条件的小家庭在临街房新开了出入口，或是在原有住宅临街房的外立面上开出入口将临街房改建或局部改建为店铺，这些都是临街房出现多个出入口的原因。

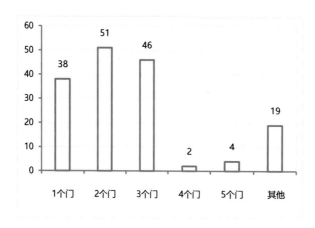

图 3-11　门的数量统计

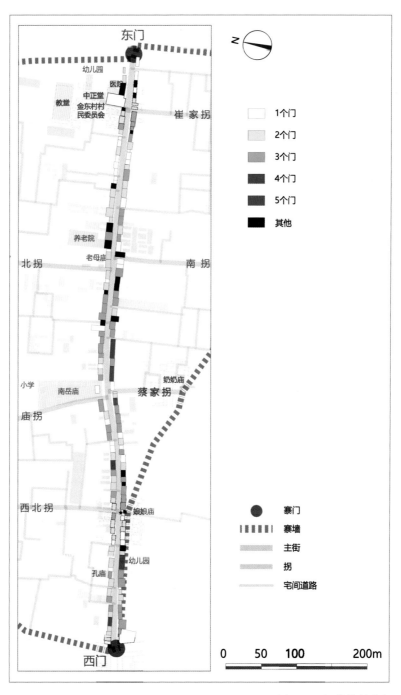

图 3-12 门的数量分布

　　临街房作为商铺使用时，除客人进入店铺的出入口以外，还要留出通向后院生活用的通道。有些店铺为了方便顾客的进出和适应业务的需要，依据建筑的开间数开多个出入口，也有将一栋建筑内部依据建筑的开间数分隔成几个独立的空间各自开门，用于经营不同的业务。这些也是临街房出现多个出入口的原因。

　　另外，也有一部分已经停业的店铺，临街房不再作为营业空间使用，出入口被封堵，只留下一个出入口作为进出院落的通道。

三、主街的分段分析

　　为进一步分析大金店老街主街的传统风貌，我们以大金店老街的各次要道路路口（拐口）为主要节点，将主街划分为10段。并以主街北侧西门至西北拐（A—B）、西北拐至庙拐（B—C）、庙拐至北拐（C—D）、北拐至村委会（D—E），主街南侧崔家拐至南拐（G—H）、南拐至蔡家拐（H—I）、蔡家拐至娘娘庙（I—J）、娘娘庙至西门（J—A）8段为主要分析对象，对其进行进一步细致的分析。（如图3-13）

　　其中，街北侧，西门至西北拐（A—B）长184.3米，西北拐至庙拐（B—C）长154.0米，庙拐至北拐（C—D）长172.5米，北拐至村委会（D—E）长212.1米。街南侧，崔家拐至南拐（G—H）长197.7米，南拐至蔡家拐（H—I）长179.2米，蔡家拐至娘娘庙（I—J）长163.1米，娘娘庙至西门（J—A）长182.6米。

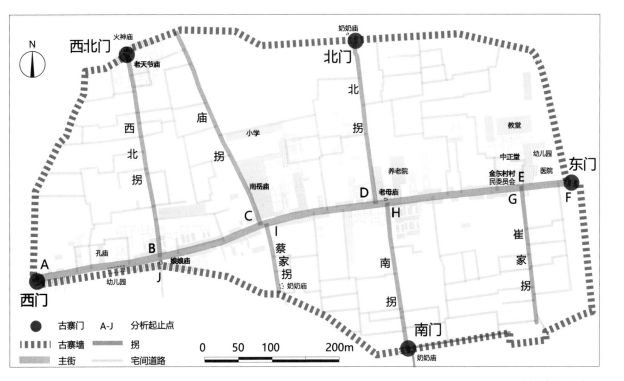

图 3-13 大金店老街分段

（一）西门至西北拐（A—B）

西门至西北拐（A—B）长184.3米，共分布临街房22栋（如图3-14）。从临街房的层数上看，1层的有21栋，2层的有1栋，街道立面连续性完整。

从建筑屋顶形态上看，硬山式抬梁结构的坡屋顶建筑有6栋，仅占该段整体的27.3%，楼板结构的平屋顶建筑16栋。结合建筑物的层数来看，虽然该片区建筑在高度方面保持着相对统一的状态，然而屋顶的形态已经明显失去了传统临街房的特色，楼板结构的平屋顶已达72.7%。

从屋顶材质看，保留传统板瓦的有5栋，彩色塑钢板的有2栋，钢筋混凝土楼板有14栋，新旧材质混合的有1栋。屋顶材质保留原有风貌的

A–B

图 3-14 西门至西北拐（A—B）临街立面[1]

---

[1] 大金店主街北侧的建筑以"B"编号，南侧以"N"编号。

仅占22.7%。

　　从墙面材料看，使用青砖、土坯、石头等传统民居建筑中常见的材质的有2处，仅占9.1%，使用红砖、干粘石、水泥材质的有17处，新旧材质混合的有3处。基本已难以识别传统建筑材料的痕迹。

　　从开间数来看，3间的建筑最多，有8栋，占到总数的36.4%；4间的有2栋，占总数的9.1%；5间的有3栋，占总数的13.6%；2间的有5栋，占总数的22.7%；1间有3栋，占13.6%；还有1栋紧邻西门的建筑，面向西开店铺出入口。

　　从门的数量来看，1个门的有4处，其中仅有1间的就有3个，都是临街房分割使用的产物；2个门的有12处，基本都是1个通道，1个商铺用；3个门的有4处，都是2个店铺用，1个通道（包含孔庙）；5个门的有1处，1个作为通道，另外的4个门是2个店铺的大门；没有门的有1处，是大门向西开在西门外街上的横向建筑。

　　临街房作为店铺使用的有11栋，占总数的50%。商业氛围较浓厚，显示着商业街的生气和活力。

（二）西北拐至庙拐（B—C）

　　西北拐至庙拐（B—C）长154.0米，共分布临街房15栋（如图3-15）。从临街房的层数上看，1层的有14栋，2层的有1栋。

　　从建筑屋顶形态上看，硬山式抬梁结构的坡屋顶建筑有11栋，钢筋混凝土楼板结构的平屋顶建筑有4栋。

　　从屋顶材质看，使用传统板瓦的有11栋，使用预制空心板有的4栋。

　　从墙面材料看，保持青砖、土坯、石头等传统民居建筑中常见材质的有6处，用红砖、干粘石、水泥的有5处，新旧材质混合的有4处。

图 3-15 西北拐至庙拐（B—C）临街立面

从视觉整体效果来看，传统硬山屋顶占整体建筑的73.3%，屋顶使
用传统材质的占73.3%，墙面使用传统及混合材质的占66.7%，传统街道
的历史风貌较好。

从开间数来看，3间的建筑有10栋，占到总数的66.7%；4间的有1栋，
占总数的6.7%；5间的有3栋，占总数的20%；2间的有1栋，占总数的6.7%。

从开门的数量看，开1个门的有3处，2个门的有6处，3个门的有5处，

4个门的有1处。开1个门的3处通过辨认及居民访问可知，3处原先都是商铺，后来停止经营以后房主将原有的门用砖封起来，仅留下了进出的通道。2个门的有6处，1个作为进出院落的出入口，1个作为店铺的出入口。3个门的有3处，有1处曾是供销社百货商店，门全部作为商店的出入口；其他2处均是1个门作为进出院子的通道，另外2个作为店铺的出入口。

目前，西北拐至庙拐（B—C）有2栋临街店铺仍在经营，主要是售卖日用杂货和修锁配钥匙业务，其余的店铺已经关闭，临街房或闲置，或封闭店铺大门改为居住使用。

（三）庙拐至北拐（C—D）

庙拐至北拐（C—D）长172.5米，共分布临街房16栋（如图3-16）。从临街房的层数上看，1层有15栋，2层有1栋，另有空地2处。

从建筑屋顶形态上看，硬山式抬梁结构的双坡屋顶建筑有10栋，钢筋混凝土楼板结构的平屋顶建筑4栋，局部坍塌和损坏的有2处，无法辨别屋顶形态的空地2处。

从屋顶材质看，使用传统板瓦的有10栋，使用预制空心板的有4栋，混合材质的有1栋，无顶的有1处。

从墙面材料看，保持青砖、土坯、石头等传统民居建筑中常见材质的有8处，使用红砖、干粘石、水泥等的有4处，新旧材质混合的有4处。

从视觉整体效果来看，传统硬山屋顶占整体建筑的55.6%，屋顶使用传统材质及混合材质的占61.1%，墙面使用传统及混合材质的占66.7%，传统街道的历史风貌较好。

从开间数来看，3间的建筑有10栋，4间的有1栋，5间的有2栋，2间的有1栋，1间的有1栋，横院进深1栋。

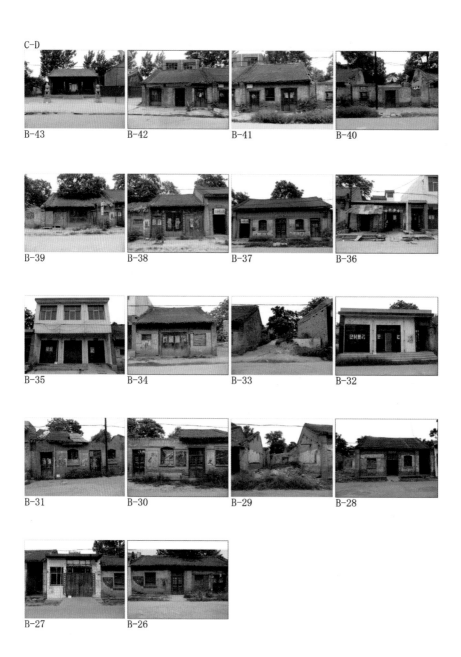

C-D

B-43   B-42   B-41   B-40

B-39   B-38   B-37   B-36

B-35   B-34   B-33   B-32

B-31   B-30   B-29   B-28

B-27   B-26

图 3-16　庙拐至北拐（C—D）临街立面

从开门的情况看，1个门的有4处，南岳庙山门是其中之一；还有1处是大家族分化以后将临街房分割使用，后房主又将其改建，仅留唯一的出入口；另外两处是3开间临街房将两个商铺门封闭后，仅留出入住宅的通道。两个门的有4处，3处均为一个门作为住宅的出入口，一个门作为店铺的出入口；1处是分为两户使用，各自留出1个门作为出入口。3个门的有8处，基本都是一个作为通道两个作为店铺门，即便是后来改建也保持了这样的格局。

目前仅有日用杂货、纸扎花圈、烧饼铺3家店铺仍在经营，大多店铺都已经关闭或被局部改造。然而，该段的临街房很明显保留了大金店传统的商业特征。

（四）北拐至村委会（D—E）

北拐至村委会（D—E）长212.1米，共分布临街房22栋，空地2处（如图3-17）。从临街房的层数上看，1层的有21栋，2层的有1栋。有空地2处，一处是养老院前的广场，一处是金东村村民居委会西侧的空地。

从建筑屋顶形态上看，硬山式抬梁结构的双坡屋顶建筑有10栋，钢筋混凝土楼板结构的平屋顶建筑有7栋，传统券顶建筑有1栋，局部坍塌和损坏的有4处。

从屋顶材质看，使用传统板瓦的有11栋，使用预制空心板的有7栋，还有4处仅剩墙体，屋顶已不存在。

从墙面材料看，使用青砖、土坯、石头等传统民居建筑中常见材质的有11处，使用红砖、干粘石、水泥等的有7处，新旧材质混合的有4处。

从视觉整体效果来看，传统硬山屋顶占整体建筑的41.7%，屋顶使用传统材质的占45.8%，墙面使用传统及混合材质的占62.5%，由于屋顶

图 3-17　北拐至村委会（D—E）临街立面

局部坍塌和损坏的较多，所以传统屋顶材质占比较少，传统街道的历史风貌观感上较为一般。

开间数3间的建筑有10栋，5间的有5栋，2间的有2栋，1间的有3栋，无法识别的有4处。

从门的数量看，1个门的有8处，大都是作为住宅的出入口。两个门的有10处，其中8处是一个作为住宅出入口，一个作为店铺门，2处是为了方便车辆出行，新开的稍大的出入口。3个门的有2处都是改建后1处作为住宅出入口，2处留作店铺门。还有一处大门已被封堵，另一处原有建筑坍塌严重，大门已不存在。

显然，该片区曾经以住宅为主，在大金店老街商业繁华时期，商业活动也渗透到该区域，有一些临街房被局部改造成店铺。一些居民在大家族分家以后，为了满足独立的出入需要，在临街面新开了出入口，或是将自己所有的建筑进行了翻建。

（五）崔家拐至南拐（G—H）

崔家拐至南拐（G—H）长197.7米，共分布临街房19栋（如图3-18）。从临街房的层数上看，1层的有17栋，2层的有2栋，街道立面连续，无空地。

从建筑屋顶形态上看，硬山式抬梁结构的双坡屋顶建筑有9栋，钢筋混凝土楼板结构的平屋顶建筑有5栋，传统券顶1栋，局部坍塌和损坏的有4处。

从屋顶材质看，使用传统板瓦的有9栋，使用预制空心板的有4栋，使用彩色塑钢板的有1栋，混合材质的有1栋。

从墙面材料看，使用青砖、土坯、石头等传统民居建筑中常见材质

图 3-18　崔家拐至南拐（G—H）临街立面

的有11处，使用红砖、干粘石、水泥等的有5处，新旧材质混合的有3处。

从视觉整体效果来看，传统硬山屋顶占整体建筑的47.4%，传统券顶占整体建筑的5.3%，屋顶使用传统材质及混合材质的占52.6%，墙面使用传统及混合材质的占73.7%。

开间数5间的建筑最多，有9栋，占到总数的47.4%，3间的有5栋，占总数的26.3%，2间的有1栋，占总数的5.3%，1间的有2栋，占总数的10.5%，无法识别的有2处。

临街经营的店铺只有一个馒头店，兼售日常杂货。

从门的数量上看，1个门的有5处，都是仅有住宅的出入口。2个门的有5处，均是在居住院落的临街房上新开了店铺出入口或居民分家后新开了住宅出入口。3个门的有7处，有3处是新改建的两层临街建筑留出中间门口作为住宅出入口，两边预留了两间店铺门口，其余4处都是在临街房新开了住宅或店铺的出入口。无法识别的有2处。

该段与北拐至村委会（D—E）隔主街相对，该片区曾经以住宅为主，显示出较明显的居住建筑的特征。这些住宅的临街房有一部分被局部改造成店铺，也有一些是居民在大家族分家以后，为了满足独立的出入需要，在临街面新开出入口，或是将自己所有的建筑进行翻建。

（六）南拐至蔡家拐（H—I）

南拐至蔡家拐（H—I）长179.2米，共分布临街房11栋（如图3-19）。从临街房的层数上看，一层的有7栋，二层的有4栋，菜地、围墙4处，街道立面不连续。

从建筑屋顶形态上看，硬山式抬梁结构的双坡屋顶建筑有6栋，钢筋混凝土楼板结构的平屋顶建筑有5栋。

图 3-19　南拐至蔡家拐（H—I）临街立面

　　从屋顶材质看，使用传统板瓦的有5栋，预制空心板的有5栋，使用
彩色塑钢板的有1栋。

　　从墙面材料看，使用青砖、土坯、石头等传统民居建筑中常见材质
的有3处，使用红砖、干粘石、水泥等的有7处，新旧材质混合的有2处。

　　从视觉整体效果来看，传统硬山屋顶占整体建筑的40.0%，屋顶使用传统材质的占33.3%，墙面使用传统及混合材质的占33.3%。

开间数3间的建筑最多，有5栋，5间的有3栋，4间的有1栋，8间的有2栋，4处空地无法识别。

临街经营的店铺有4处，占总数的26.7%。

1个门的有3处，1处为住宅商铺共用一门，1处只留下了住宅的出入口，还有1处为建筑损坏后用围墙封闭，围墙上设有1门。2个门的有1处，是将临街建筑改造后，1个门留作商铺门口，1个门作为住宅的出入口。3个门的有6处，其中3处均为新建的2层建筑，这6处都是1个门作为住宅出入口，2个门留作商铺的出入口。5个门的有2处，据说都是将原有住宅的临街房改造成8间宽，开多个门，作为供销社的商店使用过（虽屋顶也采用坡屋顶的形态，但也并非大金店老街传统建筑）。另外3处为老建筑拆除后遗留的空地，改造为菜地。

整体上看，该段新改建建筑较多，空地数量也较多，加之曾经供销社商店的旧址，街道立面不连贯，且显得风貌比较混乱。但该段保留的一家估衣老店也是目前大金店老街少有的传统商业店铺遗存。

（七）蔡家拐至娘娘庙（I—J）

蔡家拐至娘娘庙（I—J）长163.1米（不含娘娘庙），共分布临街房14栋（如图3-20）。从临街房的层数上看1层的有13栋，2层的有1栋，空地、围墙有3处。街道立面不连续。

从建筑屋顶形态上看，硬山式抬梁结构的双坡屋顶建筑有10栋，钢筋混凝土楼板结构的平屋顶建筑有3栋，局部损坏的1栋。

从屋顶材质看，使用传统板瓦材质的有10栋，使用预制空心板材质的有3栋，使用混合材质的有1栋。

图 3-20 蔡家拐至娘娘庙 （I—J） 临街立面

从墙面材料看，使用青砖、土坯、石头等传统民居建筑中常见材质的有5处，使用红砖、干粘石、水泥等的有4栋，新旧材质混合的有6处。

从视觉整体效果来看，传统硬山屋顶占整体建筑的58.8%，屋顶使用传统材质及混合材质的占64.7%，墙面使用传统及混合材质的占64.7%。

开间数3间的建筑最多，有7栋，5间的有5栋，4间的有1栋，2间的有1栋，无法识别的空地有3处。临街经营的店铺有4处，占总数的23.5%。

从门的数量看，1个门的有3处，1处是原有的3间临街房损坏后没有再建新房，新加了围墙，仅保留进入住宅的通道（N43）；另外2处都是在原有的3间临街房正中间开门，兼做商铺（自家使用）和进入住宅的通道。

2个门的有3处，一处是原有2间的临街房被分割为2家所有后均改为院落的出入口；一处是3开间的临街房，中间1间作为进出院子的通道，1间保留了原有商铺的木门，另1间垒砌成了墙壁；另外一处是5间的商铺，不再经营以后留出中间1间作为院落的出入口，另1个门作为仓库的出入口。

3个门的有8处。

5个门的有1处，是在5间临街房的基础上，留出2个住宅的出入口和3个商铺的出入口。

另外2处，1处是建筑损坏后形成的空地，1处是垃圾场。

（八）娘娘庙至西门（J—A）

娘娘庙至西门（J—A）长182.6米，共分布临街房18栋（如图3-21）。从临街房的层数上看，一层的有12栋，二层的有6栋，其中1处是把原有建筑拆除之后，在原址建了架高的娘娘庙，下面留出了通向新村的道路，

图 3-21 娘娘庙至西门（J-A）临街立面

空地有1处，街道立面不连续。

从建筑屋顶形态上看，硬山式抬梁结构的双坡屋顶建筑有1栋，钢筋混凝土楼板结构的平屋顶建筑有17栋。

从屋顶材质看，使用传统板瓦材质的有1栋，使用预制空心板材质的有16栋，使用彩色塑钢板材质的有1栋。

从墙面材料看，使用青砖、土坯、石头等传统民居建筑中常见材质的几乎已经难以寻见，使用红砖、干粘石、水泥等材料的有17处，新旧材质混合的有1处。

从视觉整体效果来看，传统硬山屋顶占整体建筑的5.3%，屋顶使用传统材质的占5.3%，墙面使用传统及混合材质的占5.3%。

开间数3间的建筑最多，有9栋，5间的有1栋，1间的有2栋，2间的有4栋，8间的有1栋（幼儿园），横院进深1处，无法识别的空地1处。

临街经营的店铺有2处，占总数的10.5%。

从门的数量上来看，1个门的有4处，2个门的有6处，3个门的有6处，4个门的有1处。没有门的有2处，其中1处是娘娘庙建于2层，1层是通向新村的道路，还有1处是空地。

总体上来看，从前的大金店老街主街均为传统硬山式抬梁结构坡屋顶建筑，除零星的二层临街房之外，全部是一层建筑，建筑形态、材质与色彩统一，商、住功能的临街建筑围合成连续而有韵律的美丽街道。

一部分临街建筑在损坏之后，宅主采用相对新的建筑形式，使用预制空心板或是现浇的钢筋混凝土楼板建设新的临街建筑，近期，彩色塑钢板屋顶的建筑也开始出现。屋顶形态的变化破坏了街道空间景观的统一性。

二层建筑的出现，从高度上破坏了临街建筑外立面轮廓的整体统一感，使人感到压抑。连同未建设新建筑的空地或是当作菜地使用的地块，无疑都是影响大金店老街整体景观效果的重要原因。

建筑虽然在满足生活需求、安全性、耐久性方面有了较大的提升，但对街道景观原有的连续性和韵律感的影响是非常大的。

大部分现存的硬山式抬梁结构的坡屋顶建筑，墙面材质都还维持了原有的青砖、土坯、石头等传统材料，一部分在屋顶或墙面局部损坏之后，利用新材料进行修补、维修，或多或少地影响了传统风貌的统一性。

新建的临街建筑外立面有些是裸露的红砖墙，有些是用水泥、干粘石、瓷砖对建筑物进行保护和美化，这些都是影响外观传统风貌的原因。

由于商业中心的西迁，主街的大部分临街店铺因闲置而大门紧闭，有些转变为住宅或其他用途而将原有大门封闭或是改造，少部分因无人管理、年久失修而破败损坏，也有一部分住宅建筑在曾经的繁荣时期，由住宅转变为店铺等。总之，社会的发展、使用者家族的变化、建筑使用情况的变化等对建筑产生的影响都显露了出来。

从分段分析的情况来看，以南岳庙为中心往西，街北从庙拐（C）至西北拐（B），街南从蔡家拐（I）至娘娘庙（J），隔街相对的两段建筑形象比较统一，传统硬山式抬梁结构的坡屋顶建筑的保有率最高，且保持传统屋顶材质以及传统墙面材质的建筑比例也最多，保持了较好的连续性与韵律感。该段不仅较好地维持了前商后住传统街道的特色，而且，为大金店老街今后的保护与发展、景观规划、建筑修缮提供了可参考的资料。

但从目前的使用情况来看，临街商铺仅有少数仍在经营，其他的已经闭门停业，或已改作他用，为"有型而无实"的状态。

南岳庙往东，街北从庙拐（C）至北拐（D），街南从蔡家拐（I）至南拐（H），隔街相对的两段仍存留一定数量的传统硬山式抬梁结构的坡屋顶建筑，这些建筑保持传统屋顶材质以及传统墙面材质的情况也较好，基本维持了大金店老街前商后住的传统风貌。

然而，该区域被改建成二层的新建筑也较多，且建筑损害后形成空地、菜地等也较多，尤其是蔡家拐（I）至南拐（H）的东段。

再往东，街北从北拐（D）至村委会（E），街南从南拐（H）至崔家拐（G），隔街相对的两段，新建的建筑屋顶和墙面新材料的应用无疑影响了该片区的传统风貌。幸好传统硬山式抬梁结构的坡屋顶建筑仍遗存有近半数，且这些建筑保持传统屋顶、墙面材质的情况也较好。这些建筑有一部分连在一起，仍保持了一定的连续性与韵律感。

不同于前商后住，该段属于大金店老街中的住宅区。极少数临街建筑在后续使用中改造成了店铺，为了方便新开了出入口。

历史街道是生活在其中的居民的重要公共活动空间，与人们的生活、经济活动密切相关，是反映当地的历史文化与传统风貌的重要的视觉要素，并随社会时代的发展不断地发展变化。"冻结"、"定格"式的保存，都将使其失去原真性与活力。

第四章　大金店老街的民居建筑

　　民居建筑作为村落组织的基本实体单位，是容纳居民们日常生活的场所，并伴随社会时代的发展，居民家庭结构、家族成员的变化不断地发展变化。至今，大金店老街主街南北两侧仍保留着许多传统院落。其中，以南岳庙为中心，往西到西北拐基本保持着传统商业街的风貌，两侧传统商铺林立，多为前商后宅院落（如图4-1、4-2），往东到南拐多为以居住为主的传统院落（如图4-3、4-4），建筑风貌相对协调。

　　大金店老街几经兴衰，目前仍面临着诸多问题，如传统民居因与现代生活方式不相适应，一些居民纷纷迁出老宅，另置新宅。同时，随着商业中心的西迁，许多沿街店铺及传统民居建筑处在被闲置或自然损坏

图4-1　前商后宅院落

状态，处在消亡危险之中的也不在少数，保护的形势不容乐观。对沿街
建筑进行改造、改建的也不在少数，一些居民使用干粘石或瓷片对墙
体进行保护、装饰，使得大金店老街的历史风貌受到一定程度的影响。

目前遗留下来的传统民居建筑中，除自然损坏的建筑以外，由于居
民家庭结构、家族成员的变化，传统院落的内部空间被若干家庭分割使
用，传统建筑被改建，院落中被加建新建筑的情况也比比皆是。

一部分保存较好的传统院落保留着传统的空间形态及建筑形态，也
有一部分院落空间可以通过与周边院落的比较分析及居民的回忆进行大

图 4-2　前商后宅院落

图 4-3　以居住为主的传统院落

图 4-4　以居住为主的传统院落

致推测，这些院落成为把握大金店老街传统民居建筑特色的重要信息。

　　我们以大金店老街传统民居为对象，进行实地测量、文献分析，并结合居民采访及专家采访，全面了解大金店老街民居建筑的现状，分析其建筑形态及空间形态，厘清大金店老街民居建筑的特色，以期为制订保护发展策略提供理论依据。

一、大金店老街民居建筑的类型

从大金店镇所属的郑州登封市地理位置来看，郑州市地处华北平原南部、黄河中下游、河南省中部偏北，合院民居是当地常见的院落空间布局形式。除此之外，郑州市恰好坐落在黄土高原和豫东平原相接处，在市区西部形成一道十分明显的分界，郑州市西部各地直至西部郊区在嵩山的北侧，北临黄河，南北宽度约五十公里，是原生堆积的黄土原。围绕河流形成的众多冲沟中分布着被学术界称为靠山窑（靠崖式）、天井窑（下沉式）、明箍窑（砌筑式）的三种窑洞民居类型。郑州地处中国窑洞民居分布区东南边缘地带，而位于郑州西南部的登封市，处在嵩山南坡及其群峰之中，大部分地区岩石裸露，仅在南部颍河谷地和嵩山东坡存在薄层黄土堆积，整个登封黄土窑洞分布数量不多。大金店老街周边有少量的靠山窑民居存在，而大金店老街除零星可见几处明箍窑以外，不存在其他类型的窑洞民居。

大金店老街民居建筑的空间布局形式以合院式为主，合院式民居可大致分为传统的合院式空间布局形式，及1980年以后用红砖墙和预制混凝土楼板建设的空间布局相仿、成排排列的单独院落，除此之外也有少量近些年建设的砖混结构的多层住宅。这些新建的多层建筑及单独院落与大金店老街的传统民居存在着较多差异，因此未列入本章的分析内容。

（一）传统合院的平面形态

中国北方的合院式民居一般是在地势较平坦地带，按传统的中轴对

称、封闭严谨的空间序列布局，满足家族中情相亲、功相助的需求，家
族生活体现出长幼有序、上下有分、内外有别的要求 [1]。常见的有四面
围合的四合院（如图4-5中3）、三面围合的三合院（如图4-5中2）、两面
围合的二合院（如图4-5中1）等。以四合院为例，正面的房屋称作正房，
左右的房屋称作厢房，也常称之为厦子房，与正房相对临近道路的房屋
称作倒座，郑州常称之为临街房，由此构成一个四面围合的合院单元。
如在此基础上沿中轴线向后延伸，在正房的后面再增加一座正房，构成
一个新的独立围合的单元（如图4-5中5），或正房的后面增加左右厢房、
正房构成一个新的独立围合单元（如图4-5中6）。以此类推，最终可形
成由复数围合单元构成的院落。这些独立围合的单元以"进"计数，有
几个单元也就是通常所说的有"几进"院落。另外，在围合空间的构成
方面，也有以四合院为基础，在靠近倒座的厢房两山墙之间建隔墙，再
在中间开门（如北京四合院的垂花门），使原本独立的一个围合单元变
为两个独立的围合空间，从而形成二进院（图4-5中4）。如在此基础上
沿中轴线向后延伸，在正房的后面再增加左右厢房、正房又可构成一个

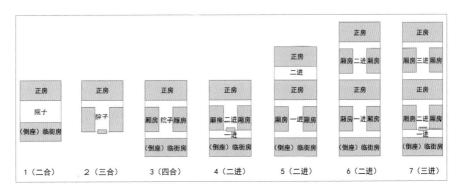

图 4-5 合院空间组合示意图

---

[1] 王其明：《北京四合院》，中国书店，1999，第5页。

新的围合单元（如图4-5中7），从而形成三进院落。同样，最终形成由复数围合单元构成的院落。

传统的合院民居一般院落外围墙壁高大，除了设置进出院落的出入口，不开窗户，具有很强的私密性和防御性。郑州市入选河南省传统村落的登封市堌头村、朝阳沟村、刘村等村落中遗存的合院民居都是按中国北方传统合院空间序列布局。入选河南省文物保护单位的荥阳市油坊村秦氏旧宅、巩义市刘家大院，以及入选河南省传统村落的新密市吕楼村民居，则是将位于院落中心位置的正房建为两层，甚至三到四层，以一栋正房或正房加两侧厢房三栋单体楼围合成楼院，通常位于院落的最后一进院，与前院的客厅形成前厅后楼院的合院布局。

（二）大金店老街传统合院的平面形态

在大金店老街，除纯粹居住功能的住宅院落以外，主街沿线还分布着以商业营销为目的的店铺，常见的主要是以临街房作为商业空间的门面房，后排的房屋作为居住空间的前商后住的形式，大都按中国北方传统合院的空间序列布局。但由于其使用性质不同，与纯粹的住宅仍有一定的区别。从平面布局上看，作为店铺的临街房是合院的组成部分，无法将其分出来作为独立的商业建筑，因此将其统称在传统民居建筑之内。与传统民居建筑不同的是，院落外围临街（路）面除开设院落的出入口外，通常还开设店铺的出入口。

基于对大金店老街民居具体案例的测绘以及对村民的采访，我们将大金店老街传统合院的平面形态进行归纳整理，对于其中破损严重的院落案例，我们按照居民的描述以及对建筑遗迹的考察，尽量复原出其原貌，最终归纳出12种院落类型（如图4-6）。

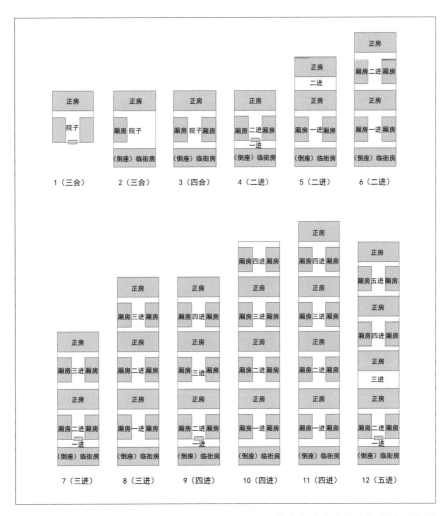

图 4-6　大金店老街合院空间组合示意图

类型1（三合），左右厢房和正房三栋建筑构成三面围合的独立单元，在左右厢房临道路的一面山墙之间建墙，开设大门作为出入口。

类型2（三合），同样是三面围合，由临街房和仅有的一侧厢房以及正房构成独立单元，作为独立院落。

类型3（四合），与北方常见的四合院民居相同，由临街房、左右厢房以及正房组成独立单元，作为独立院落。

从类型4开始，是在前述独立围合单元的基础上进行变化、延伸所构成的两个或两个以上独立单元的院落。

类型4（二进），在临街房、左右厢房及正房所构成的四面围合的单元的基础上，在左右厢房靠近临街房的山墙之间建隔墙，中间设门，使院子形成前后两个独立的空间，形成二进院落。

类型5（二进），在临街房、左右厢房及正房所构成的四面围合的单元的基础上，沿中轴线，在正房的后面再增加一座正房，与前面正房一起组成两面围合的独立单元，构成有两个独立单元的二进院落。

类型6（二进），在临街房、左右厢房及正房所构成的四面围合的单元的基础上，沿中轴线，在正房的后面增加左右厢房和正房三栋建筑，与前面正房一起组成四面围合的独立单元，构成有两个独立单元的二进院落。

类型7（三进），第一进、第二进院的构成方式与类型4相同，再沿中轴线，在正房的后面增加左右厢房和正房三栋建筑，与前面正房一起组成四面围合的独立单元，构成有三个独立单元的三进院落。

类型8（三进），第一进、第二进院的构成方式与类型6相同，再沿中轴线，在正房的后面增加左右厢房及正房三栋建筑，与前面正房一起组成四面围合的独立单元，构成有三个独立单元的三进院落。

类型9（四进），第一进至第三进院的构成方式与类型7相同，再沿中轴线，在正房的后面增加左右厢房及正房三栋建筑，与前面正房一起组成四面围合的独立单元，构成有四个独立单元的四进院落。

类型10（四进），第一进至第三进院的构成方式与类型8相同，再沿中轴线，在正房的后面增加左右厢房两栋建筑，与前面正房一起组成三面围合的独立单元，构成有四个独立单元的四进院落。

类型11（四进），第一进至第三进院的构成方式与类型8相同，再沿中轴线，在正房的后面增加左右厢及正房三栋建筑，与前面正房一起组成四面围合的独立单元，构成有四个独立单元的四进院落。

类型12（五进），第一进、第二进院的构成方式与类型4相同，再沿中轴线，在正房的后面增加一座正房，与前面正房一起组成一个两面围合的独立单元。再沿中轴线，在正房的后面增加左右厢房及正房三栋建筑，形成第四个独立单元。最后，再沿中轴线在正房的后面增加左右厢房及正房三栋建筑，与前面正房一起构成四面围合的独立单元，最终形成有五个独立单元的五进院落。

二、民居案例

我们参考大金店老街的传统村落申报材料以及第三次全国文物普查不可移动名录（郑州卷）等资料，结合实际情况，选取大金店老街传统民居中具有代表性的传统院落进行调查。除去长期无人居住或破损严重无法进入的院落，我们对可调查的院落进行了详细的建筑测绘，尽可能详实地把握传统民居的现状。同时通过居民访问，力求客观分析传统院落的空间结构以及建筑风貌。(如图4-7)

（一）类型1（三合）

编号为N01的院落，位于崔家拐的东侧。从平面形态上看，是由东西厢房及正房构成的一进三面围合的坐南朝北院落（如图4-8），目前正房已不存在，建筑遗迹可辨认。该院的东厢房为传统的硬山式抬梁结构

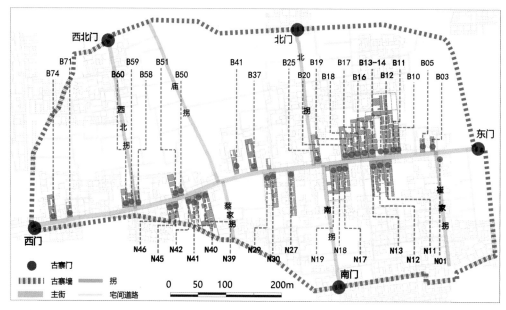

图 4-7　大金店老街合院民居分析对象分布

图 4-8　N01 平面形态示意图

的单坡屋顶房屋，西厢房是传统的硬山式抬梁结构的双坡屋顶房屋，东西厢房紧临大金店老街主街，两厢房北端的山墙之间设墙，中间开设院落的出入口。另外，东厢房山墙上另开有一门，据周边居民讲，该院目前分属不同居民所有，临街开设的两个门为各自的出入口。该院为主街上仅有的一例没有临街房、东西厢房直接临街的三合院案例（如图4-9至4-11）。由于长期无人居住，厢房已出现较严重的破损。

图 4-9　三合院正面

图 4-10　三合院西厢房

图 4-11　三合院东厢房

（二）类型 2（三合）

编号为 N45 的院落位于大金店老街主街南侧。从平面形态上看，该院由最北侧的临街房和东面的厢房及南侧的正房三栋建筑构成三面围合的坐南朝北院落。正房后面，依据地形由围墙围合出梯形小院（如图 4-12、4-13）。

图 4-12　N45 平面形态示意图

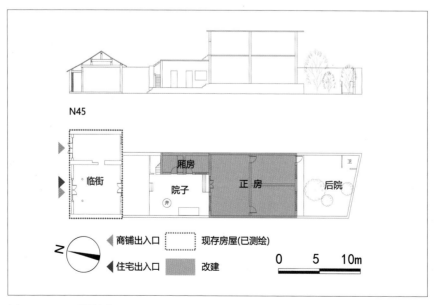

图 4-13　N45 测绘图

　　大金店老街的居民院落的宽度一般大致与临街面宽同宽，而该院属于特例，临街房的面宽为10.5米，院落通宽为7.7米，总体进深约36米。

　　临街房是传统的硬山式抬梁结构的双坡屋顶房屋，现有临街房一共5间（如图4-14），其中西边3间面宽6.2米的房屋为该院原有临街房，临街面中间开门，作为店铺出入口，面向院落一面也开一门，供家人进出院落使用。2000年房主购买了东侧院落的2间临街房，与自家临街房内部打通，同原有3间临街房一起作为家电维修店铺使用（如图4-15）。因此临街房的面宽大于院落的宽度。

图 4-14　从正房房顶俯瞰临街房

图 4-15　临街房内部

　　临街房后墙（面向院内一面）西侧角落有一门洞，目前已用红砖封堵。据房主介绍，临街房的西边1间原来有进出院子的通道，作为生活用的专用通道，后来将通道拆除，临街房整体作为商业店铺使用，临街房的临街墙面被改造，临院子的墙面上的门洞也被封堵。

　　另外，紧邻临街房的东北角原有一账房与临街房连接，临街房内设门可进出账房，账房现已拆除（拆除年代不详），门洞也被封堵。

　　进入院内，距离临街房后墙3.4米有高为0.7米的高台，高台用原建筑拆下来的青砖垒砌。为遮挡门外视线，设有玻璃屏风作为隔断。高台上东厢房为一栋新建混凝土平屋顶建筑，外贴白色瓷砖，新建东厢房的南边1间为厨房，北边1间为盥洗室，再往北为通往屋顶和正房二层的楼梯。高台西侧则是未进行水泥硬化的种植池和生活用水井。据介绍，此院落自始建之初，由于院落宽度的局限性就仅有东厢房。现院落的空间格局与之前无大的变化。

该院的正房原为单层建筑，张家在2000年购买此院落后将其拆除并新建2层平顶建筑。

新建的正房面宽7.1米[1]，进深10.2米，分为前后两部分，前面为客厅。后面分为东西2个房间，西边1间为房主夫妇日常居住的卧室，东边既为工作室也用作简单休息。楼梯在院内，二层空间格局与一楼相同，后面的2个房间分别是儿子和女儿的卧室。

从正房一层的工作间可通往后院，后院南墙以原有寨墙为基准垒砌而成，与东西侧院墙呈斜向围合形式，墙面下方用石头，上方用红砖砌筑。后院东南角设有旱厕，用红砖和石棉瓦作为立面围挡，上方用遮阳伞遮蔽，正房后墙台基处有宽1米左右的青砖路通向旱厕。后院地面未被硬化，现院内种有石榴、核桃、木瓜、杏树等果树。

N45院落是目前少有的临街房仍在经营使用的店铺之一，称得上是商、住、坊一体的生活空间。

编号为N42院落位于大金店老街主街南侧，据房主介绍，该院落在始建之初的平面布局，是由最北面的临街房，西面一栋厢房，南面的正房构成的坐南朝北三面围合的院落。院落原正房的后面至寨墙的位置围合成梯形后院（如图4-16）。后墙紧邻原南寨墙，向南呈斜向延伸。院落东侧长为47.4米，西侧相对较短，长为42.2米。后墙建筑底部是原南寨墙拆下来的石头砌筑，上部是用黄土砌筑的夯土墙。

该院的临街房面宽9.3米，进深6.0米，为3开间硬山式抬梁结构的双坡屋顶建筑，西侧为独立山墙，东侧则与东边院落临街房共用山墙。

---

[1]　正房面宽并未充满整个院落宽度，与东侧的院墙之间留有一定的缝隙（0.6米左右）。

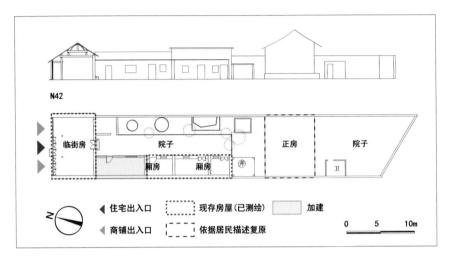

图 4-16　N42 测绘图

临街房中间1间的两根椽子写着两列文字，分别是"民国二拾年拾壹月拾玖日巳时动工大吉大利""民国二拾壹年叁月拾陆日寅时上梁大吉大利"。可知，此房应为公历1931年至1932年修建。

据说，此院落为家族世传，临街房原为商业用途，房内用木板分隔为3部分，新中国成立以前西侧1间曾做过粮店，六扇木板门为粮店的出入口，供客人进出，中间1间为主人及家人进出院落的通道（如图4-17），东侧1间没有具体使用功能，平时多用来放置杂物等。

之后，临街房也曾租赁给他人使用，开过棉花店、药铺等。中间1间始终作为房屋主人及家人进出院落的通道。

临街房东西2间南墙各开设有一门，分别通往设置在院内的东西账房（已不存在），东西账房在院内均没有设门，仅能通过临街房后墙上设置的出入口进出（如图4-18）。账房空间狭小，仅可放置一床一桌，供店铺伙计夜间看店，或者管钱的账房先生使用。

由于临街房的商业性质及后期使用过程中售卖格局的变化——临街

图 4-17　临街房内部

图 4-18　右侧的门为原东账房的门

房的东西开间在不同时期有过不同的售卖经营形式，因此，此院落设有东西两个账房。

目前临街房已经不再作为商铺使用，中间1间和西边1间的临街面仍保留原有的木板门，东边1间临街面原有的木板门已拆除，后垒砌红砖墙并在表面涂有白色涂料，在距地面高1.26米处留有高宽各0.5米的窗户。东侧1间放置床和基本生活用具，西侧1间放置的有床和杂物。由于东侧1间临街外墙已经用红砖垒砌，保温性较好，冬天的时候房主会在此居住，而西侧1间的临街面仍是木板门，通风透气性较好，房主会在春夏之际居住于此。

该院落在始建之初由于经济原因没有修建东厢房。仅有东账房与临街房相连，现东账房已坍塌（时间不详），依据现有地基和房主指认可知其为宽2.6米，长3.3米的建筑。目前西账房也已不存在，据说西账房原为一栋与东账房规格相仿的建筑。后来，由于家中人口增多，为解决居住问题，房主在原西账房的位置和原西账房与西厢房之间，新建2开间石棉瓦单层坡顶建筑，与原有3开间的西厢房连为一体。形成长达20.1米长的西厢房，因此该院也显得狭长幽深（如图4-19至4-21）。

　　西厢房南侧紧邻厨房南山墙为一个简易石棉瓦棚，棚下有水井，空余地方放置煤炉用的蜂窝煤。

图 4-19　从临街房看院子　　　　　　　　图 4-20　从原正房位置看院子

图 4-21   西厢房对面的空地

该院的原正房为3间硬山式抬梁结构的坡屋顶建筑，1951年左右屋顶坍塌后被拆除。未拆除之前，正房是陈姓主人父母的居住场所。

（三）类型 3（四合）

独立的四面围合的院落与北方常见的四合院民居没有太大的区别。大金店老街的主街上没有此类院落，它们主要分布在南北走向的次要道路上，且数量不多。由于中轴线与南北走向的次要道路垂直，院子的正房往往面西或者面东，因此呈现出坐西朝东或坐东朝西的状态。

在调查的过程中，没有精确地调查到四合院的案例，略有遗憾，但由于四合院是最具典型性的北方民居，相关的研究资料积累丰厚，因此相对容易理解（如图4-22）。

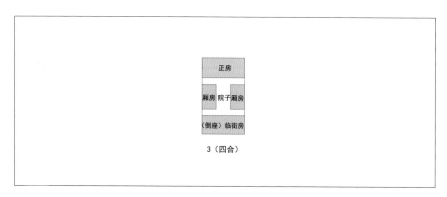

3（四合）

图 4-22　类型 3（四合）平面形态示意图

（四）类型 4（二进）

编号 B58 的院落位于主街北侧，西北拐路口东侧。从平面形态上看，由临街房、东西厢房及正房构成，在东西厢房临近临街房的两山墙中间建有隔墙，中间设置二门，将院落分隔成有两个独立围合空间的二进院落（如图4-23、4-24）。

临街房面宽8.9米，为3间硬山式抬梁结构的坡屋顶房屋，整个院落的宽度基本与临街房面宽同宽（如图4-25）。

临街房东侧1间设有进出院落的出入口，现已不再使用。中间1间另开门，作为杂货店铺的出入口，目前也是房主一家进出院落的出入口。临街房的室内由一东西摆放的货架将室内空间分隔为南北两部分，南边临街部分是经营杂货的商铺，靠院落部分用作厨房，西侧放置货品及房主的生活用品、家用电器。形成"U"型动线，作为进出院落的通道。

进入院内，东侧种植一棵石榴树。西侧用青砖围合成厕所，据房主介绍，此处以前应该是账房，主要供店铺伙计夜间看店起居所用，二三十年前，根据店铺的经营情况及生活需要，房主将其改建成厕所。东西厢房南侧山墙间建有隔墙，将院落分隔成两个独立空间，正中设该

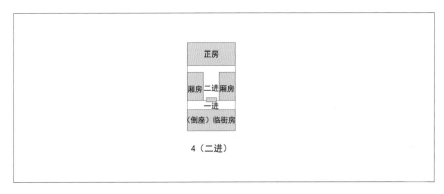

图 4-23　B58 平面形态示意图

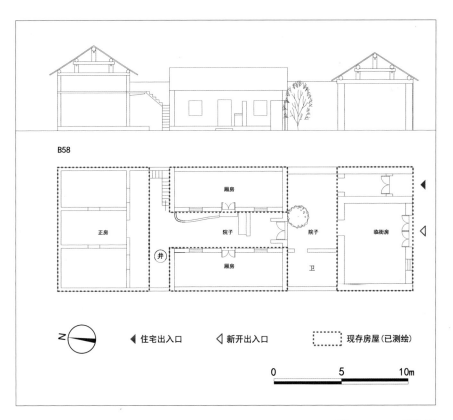

图 4-24　B58 测绘图

图 4-25　B58 民居临街房

院落的二门（如图4-26）。穿过二门进入第二进院内，前方设有一影壁，一侧与东厢房相连，影壁正中供奉土地爷神龛。

　　东厢房面宽8.3米，为3间硬山式抬梁结构的单坡瓦顶房屋，西厢房也是面宽8.3米，为3间硬山式抬梁结构的双坡瓦顶房屋。东西厢房进深都相对较浅，室内约为2.2米，现堆放杂物，都已无人居住。东西厢房之间仅余2.6米院宽（如图4-27）。西侧厢房与正房之间有一口古井，年代久远，目前仍在使用。

　　该院落正房为3开间，面宽8.6米，进深6.7米，曾在1983年进行翻新，墙体由现代的红砖代替了传统的青砖和土坯，架设预制板构成二层空间，出挑构成一层屋檐，同时也是二层的室外阳台。二层的屋顶保留了传统抬梁式坡屋顶的基本特征。在正房与东厢房之间增加楼梯，以进入正房二层。正房的一层主要用于居住，二层存放杂物。

　　该院也是目前少有的临街房仍在作为商铺经营使用的院落之一，院内的正房虽然经历过改造，但基本延续了传统建筑的特点，因此该院呈现出较统一的风貌。

图4-26　二门

图4-27　从正房二层俯瞰院内

（五）类型5（二进）

　　编号为B51的院落位于庙拐西侧。从平面形态上看，该院落由现存最南面的临街房、东西厢房、北侧的正房围合成第一进院子，第一进院正房后新建的正房与其一起组成两面围合的第二进院子，共同构成了坐北朝南的二进院落（如图4-28、4-29）。

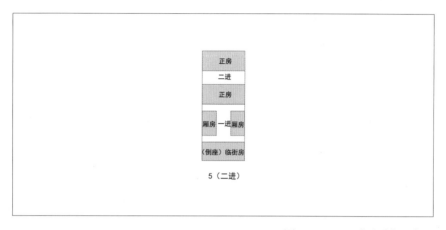

图 4-28 B51 平面形态示意图

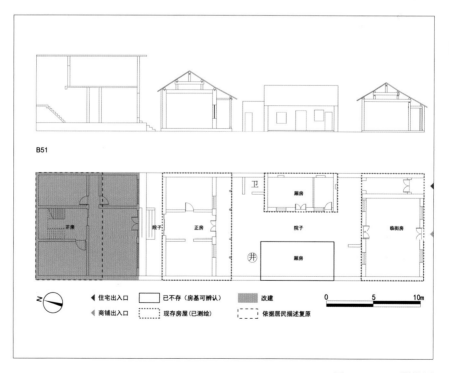

图 4-29 B51 测绘图

图 4-30 临街房

该院的院宽大致与临街面宽一致，宽10.6米，院落总进深40.7米。临街房与东西两侧建筑共用东山墙和西山墙。

临街房为4间硬山式抬梁结构的坡屋顶建筑，东侧1间设有房主一家进出院落的大门和通道。其余3间作为商铺使用，中间1间临街面开一门供客人进出（宽1.2米），东西2间临街面开窗。店铺中间1间面向院落开一门供房主一家人进出院落和店铺使用，东西2间面向院落分别开窗，现已用红砖垒砌封堵。临街的3间店铺曾是书法研究中心的书写对联服务点，现在已不再使用（如图4-30）。此院落的临街房现为另一户所有。

　　通过临街房东侧的入户大门和通道进入院内，迎面可见东厢房，为一栋硬山式抬梁结构的单坡屋顶建筑。东厢房与东边院落的西厢房共用后背墙，外观与抬梁结构的双坡瓦顶建筑相仿。

　　东厢房南北山墙下方各有用青砖砌筑的拱券，据主人介绍，1958年东厢房曾作为大队厨房使用，拱券为生火用的火洞。东厢房南山墙拱券的上方设有神龛，内供奉土地爷（如图4-31、4-32）。

图4-31　从B51院入户通道看东厢房　　　　图4-32　B51院东厢房南山墙神龛

东厢房为3间（如图4-33），南侧1间用青砖垒砌隔墙与北侧两间进行分隔，现存放杂物等。北侧2间，放置生活物品。厢房上方距离地面2.4米为木板棚架，西北角有可供上下的开口，上面储存杂物用。东厢房与正房之间有用红砖搭建的旱厕卫生间。

原西厢房已拆除，拆除年代不详。现在用拆除后的青砖在原有台基处搭建高0.9米的高台，上面种植蔬菜，由地基可见原有的门与东厢房的开门位置对称。

第一进院最北侧是抬梁结构的双坡屋顶的正房（如图4-34），开间5间，中间1间大，东西两边的2间略小，当地称小五间。该房曾经作为客

图 4-33　从正房看东厢房

图 4-34　第一进院正房

厅使用，南面开门作为进出正房的出入口，中间1间的后檐墙上也开有1门，穿行可进入第二进院，因此该房也被称为过厅。现在内部空间被分隔成3室，中间1室净宽2.8米，靠北部是客厅和餐厅，靠南部是厨房。西边1室为房主大妇的房间，净宽3.5米，作为主人平时休息、阅读的场所。东边1室是儿子的房间，净宽3.4米，儿子在郑州工作，只有周末或者节假日回家时使用。

　　第二进院的正房，原是抬梁结构的坡屋顶建筑，是家族成员生活起居的场所，当地也称上房。现在的正房是将老房拆除后新建的3开间2层平顶混凝土建筑。建筑面宽10.5米，进深向前拓展，占据原先院子的一部分空间。建筑台基与前院正房后墙之间仅留有1.7米的距离。现在的正房1层按南北方向分为前后两部分，前面部分中间1间和西边1间之间没有用墙体分隔，东边1间用墙体分隔出单独的房间。后面部分中间1间为上下二层的楼梯，西边和东边各分隔为1个房间[1]。正房做过简单装修，但目前处于闲置状态。该院落的第一进院东厢房、正房和第二进院的正房为其房主在三十多年前购买，其他部分为另一户所有。

（六）类型6（二进）

编号为 N17、N18、N19 的院落，位于大金店老街主街南拐东侧。从平面形态上看，三个院落连成一排，平面结构大致相同，只是在尺寸上略有区别。都是由临街房、东西厢房、正房围合出第一进院子，沿中轴线向后（向南）有正房和东西厢房三栋建筑与前院正房一起围合成第二进院子，共同构成坐南朝北的二进院落（如图4-35、4-36）。

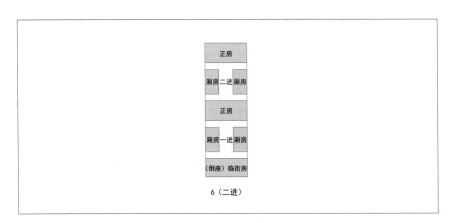

图 4-35　N17、N18、N19 平面形态示意图

---

[1]　由于未能进入调查，2层空间布局不详。

图 4-36　N17、N18、N19测绘图

　　编号为N17的院落建筑主体保存较好，临街房面宽12.4米，为硬山式抬梁结构的双坡屋顶建筑（如图4-37），内部被分隔成3部分，中间设置入户大门及通道。东西侧分隔成独立2室，面向院内开门。临街房面向主街，原仅有1个大门，目前西侧1室在临街面新开1门，作为村民聊

天休闲活动的场所。

步入院内，映入眼帘的是1个宽1.3米，高约2.1米，平面呈"一"字形的影壁，遮挡门外的视线（如图4-38）。临街房与东西厢房山墙之间，各有一处平顶耳房，与临街房相连。东侧耳房为红砖材质，与东厢房山墙有半米的距离，西侧耳房为盥洗室（如图4-39），两房均因生活需要而建。

图 4-37　N17 院落临街房

图 4-38　过道及影壁

图 4-39　西侧的耳房

　　绕过影壁进入第一进院，东西两侧都是3开间硬山式抬梁结构单坡屋顶的厢房，面宽9.5米，进深3.9米，两厢房之间院宽4.4米。

　　正房是硬山式抬梁结构双坡屋顶带前檐廊建筑，开间5间，与院落同宽，进深6.9米（如图4-40）。东侧1间设有通向后面院子的通道，据说该房原本是作为客厅使用。中间1间的后檐墙上以前开有1门，可穿行进入第二进院。目前中间1间两侧设隔墙，将室内分隔为3个空间，中间

图4-40　第一进院正房

1间后檐墙上的门，下面一部分用砖封堵，改为为窗使用（如图4-41）。西侧的空间作为主人的卧室，也常作为邻里朋友聚会、棋牌娱乐的场所（如图4-42），东侧的空间目前放置杂物。另外，因生活需要在紧临通道西侧的前檐位置，加盖了厨房（如图4-43）。

经过东侧的通道，进入第二进院。东西两侧厢房为4开间硬山式抬梁结构单坡屋顶建筑，面宽11.2米，两厢房之间留出3.7米院宽。

图 4-41　第一进院正房中间 1 间

图 4-42　第一进院正房西侧卧室

图 4-43   加盖的厨房

　　第二进院正房是带前檐廊的硬山式抬梁结构双坡屋顶建筑，面宽与院落同宽，进深7.0米，小五间（如图4-44）。据说第二进院原是家族主要成员生活起居的场所，正房中间1间为堂屋，两侧是长者的居住空间，厢房是主人儿子们的居住空间，东侧一间为通道。随着家庭情况的变化，院内各栋房子的使用情况也几经变化，为满足生活需求，后来又在东侧第二间前檐部分、西侧第一间前檐至厢房山墙部分加盖了新的空间。

　　编号为 N18的院落，建筑主体保存较好，整个院落面宽 8.7米，进深61.1米。

　　临街房为硬山式抬梁结构双坡屋顶建筑，3开间，面宽8.7米（如图4-45）。临街房内部被分为3部分，正门设在临街房中间，两侧各为独立1室，面向院内各开1门。临街房原本面向主街只有中间的大门，后来正门两侧又分别新开1门。

图 4-44　第二进院正房

图 4-45　N18 临街房

　　进入院内，东西厢房均为4间硬山式抬梁结构单坡屋顶建筑，面宽
11.2米，进深3.0米，两厢房之间留有院宽2.6米，院子看起来狭长深远。
目前，东厢房屋顶已经局部坍塌（如图4-46）。

　　正面是3间硬山式抬梁结构双坡屋顶正房，带前檐廊，面宽与院落
同宽，进深6.3米，东侧1间的一部分留有通道通向后面院子。中间1间的
后檐墙留有可进入第二进院的门，现在已经封堵。

图 4-46　N18 第一进院东厢房屋顶局部坍塌

图 4-47　连通两个院子的门洞已被封堵

　　第一进院目前已无人居住。正房西山墙檐廊处，可以清楚看到已被封堵的门洞，可知以前两个院子（N18、N19）是相通的（图4-47）。

第二进院的东西厢房各4间（图4-48），开间11.2米，进深3.0米，院宽2.8米，西厢房与第一进院正房之间加建有一耳房，平顶灰砖，面宽2.0米（图4-49）。

该院正房同样是3开间硬山式抬梁结构双坡屋顶建筑，带前檐廊（图4-50），面宽与院落同宽，进深6.4米，东侧留有约1.4米的通道，是进出院落的后门。正房被分隔成3室，房内留有部分生活用品、煤气灶等厨房用品，以及洗衣机等家用电器。目前第二进院也已经无人居住，院内荒草丛生。

图 4-48　第二进院内看第一进院正房后墙

图 4-49　第二进院的西厢房与耳房

图 4-50　第二进院正房

图 4-51 N18 后门

图 4-52 N19 临街房

通过正房东侧通道便走出该院，据说后面原有后花园，依稀可见边界（如图4-51）。

编号为 N19 的院落[1]，当地叫王家大院（如图4-52）。王家大院是王云华（绰号王老八）经手建设的，因其科考中举，因此王家在社会地位上高于别家[2]。该院落布局完整，建筑主体保存较好，面宽12.8米，进深

---

[1] 据《大金店街志》记载：房屋主人王惠麟（1893—1958），字顺则，大金店东街人，王惠麟早年加入同盟会，后投笔从戎，任刘振华统率的镇嵩军团长。由于袁世凯收买地方军阀压制革命，王惠麟回乡从事实业。他从天津引进先进设备，先后于登封的南山和东乡开办并经营4座煤矿。为丰富矿工的文化生活，他们自家办有戏班子，在这个戏班子中还曾培养出豫西风格的名演员马天德、王二顺等。王惠麟在抗战前有田地近30顷，为大金店首富。在郑州、开封有多家商行，其中开封马道街的晋阳豫、龙福绸缎庄等为当地有名的老店。抗日战争后期，王惠麟为躲避战乱，携全家从大金店移居开封生活，后又从开封迁至南京居住。1954年在南京市加入民革。

[2] 段双印：《大金店镇志》，河南人民出版社，2014，第660页。

61.1米，占地780.9平方米。

　　第　进院东西厢房均为3开间传统硬山式抬梁结构的单坡屋顶房屋，带前檐廊，属大金店老街厢房中少有的例子。第一进院的正房是5开间传统硬山式抬梁结构的双坡屋顶房屋，带前后檐廊，曾经做过客厅，但比大金店老街常见的客厅进深要大，是大金店传统硬山式抬梁结构坡屋顶房屋中极少见的进深较大带前后檐廊的例子之一（如图4-53）。[1]

　　第二进院子有东西厢房，均为4间传统硬山式抬梁结构的单坡屋顶房屋（如图4-54），每2间分隔成1室。目前也已无人居住，夏季院内杂草疯长，超过成年人身高。

　　第二进院正房为2层的5开间硬山式抬梁结构双坡屋顶建筑，带前檐廊（如图4-55、4-56），有文字记载正房为清光绪三十三年（1907年）建

图4-53　第一进院

---

[1]　目前该院居民已迁出，且房主不在镇上居住，因此室内部分未能进行详细测绘。

图 4-54 从第一进院正房看第二进院

造。中间3间略大，中间1间柱间距2.1米，两侧2间开间较大，柱间距2.6
米，东西2间最小，柱间距1.7米，上下两层由木结构框架分隔，2层室内
在木构架的基础上用青砖铺设地面。

正房室内空间非常宽阔，1层是大通间，没有分隔，屋内没有楼梯，
需从外部大门上部宽1.1米的洞口爬梯子进入2层，2层大梁据2层地面2.0
米，空间很大（如图4-57）。据说，这里过去是绣楼，2层居住未出嫁的
小姐，家长住在楼下，这样小姐出入的动静就会被听到，不能乱跑。

在正房与东厢房之间的围墙上，也可以辨认出门洞的痕迹。据说，
东侧的N18曾是王惠麟之弟及其家眷生活起居的场所，这两个院子是连

图 4-55　第二进院正房前檐廊　　　　　图 4-56　第二进院正房前檐廊

图 4-57　第二进院正房 2 层内部

通的；而西侧的 N20 也与该院连通，内有水井、花卉、名木，前院还设有小厨房，专为主人和贵客服务，后院居住家丁和勤杂人员等。

中华人民共和国成立初期，王家大院先后由大金店区委、大金店区政府、公安局派出所、卫生院、农行大金店营业所等无偿使用，改革开放以后落实党的房产政策，房子都归还了原主[1]。

（七）类型7（三进）

编号为 B25 的院落，位于大金店老街和北拐交叉口的东北角，是一个三进院落（如图4-58、4-59）。

临街房为5间硬山式抬梁结构的双坡屋顶建筑（如图4-60），东侧临老母庙（如图4-61）。临街房面宽11.4米，东侧1间设置进入院落的入户大门及通道，距入户门0.6米处的通道东墙上，原有一宽0.6米、高1.9米的侧门，与东边的一座院落连通，然而目前东侧院落已经坍塌废弃，此

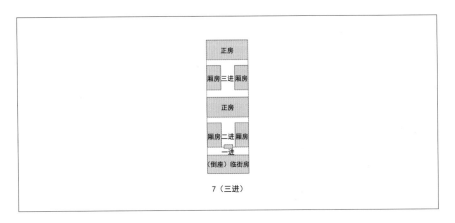

图 4-58　B25 平面形态示意图

---

[1]　段双印：《大金店镇志》，河南人民出版社，2014，第383页。

图 4-59 B25 测绘图

图 4-60 临街房

图 4-61 老母庙

门被封堵。

临街房面向院内中间1间设门，东西两侧各设窗，保持了原来的风貌。室内空间由砖墙分隔成大小两间，大间开间3.9米，并用砖墙分隔成南北两小间。据房主介绍，临街房在几年前曾作为药店对外租赁，目前的布局是为了药店经营使用而进行改造的结果。临街面两边开窗，中间新设门作为临街房的出入口。现临街房主要放置杂物和农具。

临街房与西厢房之间，新建一简易石棉瓦房顶厕所。厕所东侧是水泥垒砌的高0.9米的方形蓄水池。

东西厢房南端设置隔墙及二门，目前是月亮门（如图4-62）。进入二门后，由正房、东西厢房及隔墙所构成的空间是一个相对独立的围合单元（如图4-63、4-64）。

图 4-62 隔墙及二门

图 4-63　第二进院正房

图 4-64　从二门看第二进院

图 4-65　第二进院正房前檐廊　　　　图 4-66　仅能看到正房

　　第二进院的正房为该院核心建筑，主体为3开间硬山式抬梁结构带有前檐廊的建筑（如图4-65），在主体3间房的东西两侧分别建有面宽约1.0米的耳房，构成中间3间大、两侧2间小的俗称三房两耳的5开间建筑。两侧耳房向北后退1.6米，因此，站在院中仅能看到正房中间的3间（如图4-66），左右耳房却藏而不露（如图4-67），当地人称之为"明三暗五"房屋[1]。

　　正房中间的3间，每间各设有4扇门（如图4-68），共12扇木质隔扇门，做工细致，造型精美。如今中间1间正中2扇隔扇门常开，为正房的出入口。中间1间与两侧2间分别由墙分隔并设门，形成3室，中间1室占据中

---

[1]　一般住宅多为三间，封建王朝的建筑制度规定"庶民房舍不得过三间五架"。假如需要更大面宽的房屋，老百姓多采用在两侧增加耳房的办法。

间1间，两边2室各为1间加1耳，形成中间小两边大的3个相对独立的空间。中间1间作为家庭的会客空间使用，南端放置1个长条桌，桌上摆放先人照片，旁边的桌子上放置电视机，沿着东西两面隔墙各放置一个3人座木质沙发，沙发中间放置茶几。

东侧1室内部又用隔墙分隔为南北2小室，北边放置柜子、箱子和被褥等生活用品，作为储存间使用，南边放置床、桌子、缝纫机，平时房主和夫人在此居住。西侧1室内部同样分隔为南北两小间，是房主儿子（在外地工作）回家临时的住所。第二进院东厢房与正房之间原有一木门可与东侧院落连通，现已封堵，遗留的门洞清晰可辨。

第二进院的东厢房为3间硬山式抬梁结构的单坡屋顶建筑，面宽7.6米，进深3.2米。南山墙粘贴有供奉的土地爷像。东厢房中间1间与南侧

图 4-67   藏而不露的耳房   图 4-68   第二进院正房隔扇门

1间现作厨房使用，室内摆放水缸、锅架、杂物柜、炊具、燃气灶、案板等厨房用品。北侧1间为杂物间，建有隔墙，隔墙东侧留有门洞，作为厨房与杂物间的通道。

西厢房是3间一坡半硬山式抬梁结构建筑，室内未分隔，放置柜子、床、电脑桌椅等，是房主的子女回家时的住所。房主讲述，东西厢房曾被改建，改建前的东西厢房面向院落均设有出檐，并通过西厢房南山墙上目前被封堵的门洞与临街房相连，雨天时可利用出檐从正房经过厢房到达临街房的入户大门，避免被雨淋湿。

第三进院目前为另外一户居民使用。居民讲述：第二进院的正房曾是整体院落的客厅，后墙的中间开门作为进出前后院的通道（现已被封堵），原本第三进院有一栋3开间正房及2间西厢房，正房是家族的私塾所在地，正房北侧还有牲口院、磨坊、大车门等，现已不存在。

第三进院在土改时曾作为公社招待所，1959年左右原房主回迁时正房已经部分损坏。现在的东厢房和西厢房北侧2间，都是在改革开放后房主自己建造完成。建造的时间顺序是先重建了平屋顶的东厢房，后又重建了平屋顶的正房，经房主现场指认，新建正房是在老正房的位置上略向北移动。最后又建了瓦屋顶西厢房的北侧2间，其建筑材料也主要是从正房拆下来再次利用。现东厢房是厨房，西厢房在北拐路上开有1门，供磨坊经营使用，主要是谷物加工业务。这里也是目前该院主人及家人进出院子的主要出入口。厕所在西厢房南端，院中靠近西厢房南侧有水井，需用水泵取水。

B25的东侧院在未坍塌之前是B25的主院，是其家族从山西洪洞县迁居于此后，在大金店老街建造的第一座宅院。后因家族人口日益增多，就在西侧建造了B25作为跨院，两院东西相通，构成一个相对大的生活系统。据房主口述，在人口最多时期，东侧整个院落和B25前院曾同时居住四五十口人。

目前东侧院落的居民已全部迁出，房屋损坏严重。而 B25 也经历数次使用者的变更，目前房屋分属不同人所有、使用。现存的院落空间格局相对清晰，虽有一定程度的改造，但整体原貌保存较好。建筑最初的使用方式虽然发生了变化，但居民的居住使用，保持了对建筑的维修养护，延续了浓郁的生活气息。

（八）类型 8（三进）

编号 B17 的院落位于大金店老街主街北侧，北拐与崔家拐之间，是坐北朝南的三进院落（如图4-69、4-70）。

临街面5间宽14.9米，大门设在东侧，占据约1间的位置。仔细观察，大门建有独立山墙，屋顶略高于临街房。大门曾经是该院的主要出入口，如今已不再使用。临街房是传统抬梁式双坡屋顶建筑，向院内一面带有

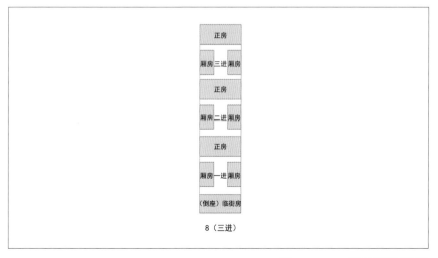

图 4-69　B17 平面形态示意图

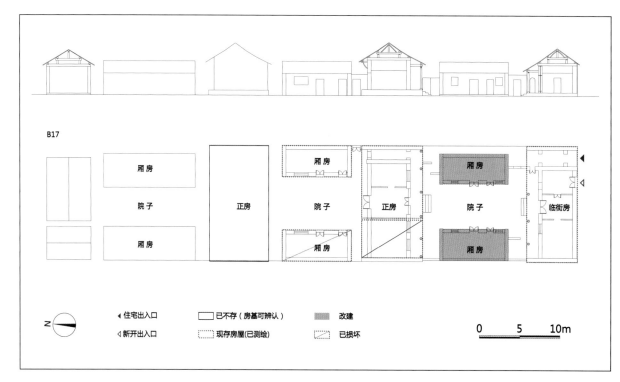

图 4-70 B17 测绘图

檐廊。大门的西侧山墙与院内檐廊连接的地方也有一门，是第一进院的出入口（如图4-71）。

现在的大门西侧山墙与东厢房山墙之间建有隔墙，垂直与东厢房山墙搭接，用来封闭第一进院，确保一户人家的独立使用。据说以前也有隔墙，主要为了确保第一进院作为会客场所的独立性。第一进院的东厢房后背并没有紧贴东边院墙，与院墙之间留有一通道，可通向正房东侧设置的通道，穿过通道可直接进入第二进院。

临街房内用砖墙进行分隔，将室内分隔为3部分使用，2个隔墙正中位置均设门，用来通行。临街房的中间1间，面向院落开有1门，供房主家人进出院落使用，也作为厨房使用，室内放置橱柜、案板、储存柜和

图 4-71　第一进院的出入口

燃气灶等用品。东侧1间的临街面开有1门，为房主自家经营的日用杂货小卖部的出入口，目前房主一家日常进出院子也主要经此门。小卖部内空闲地方放置小板凳，闲暇时房主会和街坊邻居在此交谈闲聊。西侧2间是房主夫妇日常起居的主要空间，西侧放置单人床和3门衣柜，南侧摆放缝纫机、书桌、电视柜和电视，北侧放置双门衣柜和单人床。临街房在过去常作为客房使用（如图4-72）。

图 4-72　从院内看临街房

　　第一进院的东西厢房均是原有抬梁结构坡屋顶的房屋损坏之后翻建的建筑，间距5.8米。东厢房为红砖墙，抬梁结构的坡屋顶，西厢房是红砖墙，水泥钢筋混凝土屋面的平屋顶。由于家中现住人口较少，孩子已迁出村子不经常回家，厢房长久未有人居住，现已破损。西厢房南侧有生活用水井。

　　正房为5间、面宽14.9米的硬山式抬梁结构的坡屋顶建筑，中间3间大，两边2间小，也是通常所说的小五间，正房也带有前后檐廊，正中开1门，两侧开窗（如图4-73、图4-74）。东侧1间设有通向后面院子的通道，现已被封堵。

　　房主介绍，中间开门原为4扇木质雕花隔扇门，雕刻精美，通透而装饰性强。然而目前两边的两扇已被拆下，取而代之用土坯垒砌封闭了（如图4-75）。目前正房的中间1间与两边2间之间建有隔墙，将室内分隔成3个空间，中间1间后背墙的正中开有1门，现作为通往第二进院的通道（如图4-76）。

　　东侧现为房主儿子的卧室，内摆放床、柜子、书桌和被褥等用品。西侧2间房顶据说在20世纪三十年代抗日战争时期被炮弹炸塌，至今没有维修，出于安全考虑故设隔墙将其封堵。

图 4-73　第一进院正房的前檐廊

图 4-74　第一进院正房的后檐廊

图 4-75　雕花隔扇门

图 4-76　正房后背墙正中的门

图 4-77　第二进院西厢房

正房有文字记载为清光绪二十八年（1902年）重修的建筑，由此可知该房屋应始建于更早的年代。房主介绍，该房最初作为客厅使用，是接待重要客人和举办重大活动时的场所，是整个院落装饰最华丽的建筑，室内原本没有隔墙，整体通透。客厅后背墙正中间开的门，平时也不开，有重大活动时才打开，可穿房而过。

第二进院的东西厢房均为3开间，面宽9.2米。西厢房是抬梁结构单坡屋顶建筑，与西边院落的东厢房共用后背墙，现损坏严重（如图4-77）。东厢房为传统抬梁结构双坡屋顶建筑，前坡长后坡短，保存相对完整，目前已无人居住，房门上锁（如图4-78）。据房主介绍，第二进院的正

图 4-78　第二进院东厢房

图 4-79　第二进院正房的遗迹

房几十年前已拆除（如图4-79）。正房也是传统抬梁结构的坡屋顶房屋，带前檐廊，是整个院落规格最重要的建筑，是家庭活动的中心，也是家族长者的居所。相对于第一进院具备的会客等涉"外"活动的空间性格而言，第二进院曾经是主人一家生活起居的场所，体现出主人家庭生活"内"的空间性质。第二进院目前无人居住，院内杂草丛生。

　　第二进院正房的后面，还有东西厢房和正房一起构成的第三进院，但由于该院长期无人居住，无法进入，未能进行调查。

（九）类型9（四进）

编号B18的院落位于大金店老街主街北侧，北拐与崔家拐之间，是一个坐北朝南的四进院落（如图4-80、4-81）。

临街面宽11.7米，面宽5间，中间3间稍大，两边2间稍小，临街的东侧一小间设进出院子的通道及院落的大门，目前已不再使用。

第二进院原有的硬山式抬梁结构坡屋顶的东西厢房，现已经被改建成平屋顶的新建筑。两厢房南山墙之间有隔墙将院子分开，中间开设该院的二门（如图4-82至4-84），门外为第一进院，入门为第二进院。二门内另有木质屏门（屏门已拆除），类似北京四合院的垂花门。在过去的日常生活中屏门关闭，以遮挡看向第二进院内的视线，只有在婚丧嫁娶以及有其他重要人物来临时才打开。

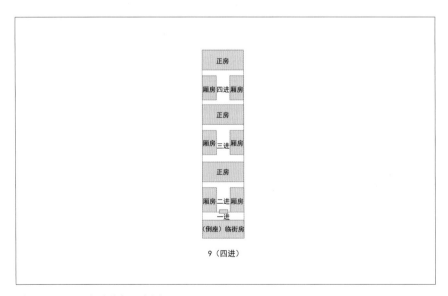

图 4-80　B18平面形态示意图

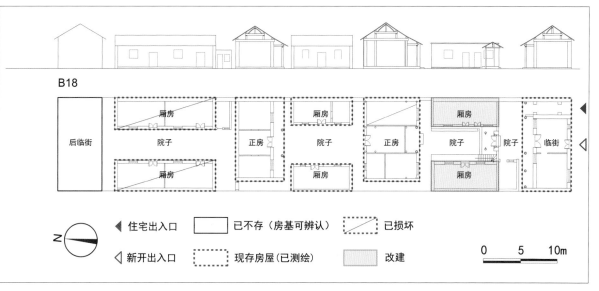

B18

后临街   厢房   院子   厢房   正房   厢房   院子   厢房   正房   厢房   院子   厢房   院子   临街

▲ 住宅出入口   ☐ 已不存（房基可辨认）   ⟍ 已损坏

◁ 新开出入口   ⟦ ⟧ 现存房屋（已测绘）   ▨ 改建

N

0   5   10m

图 4-81   B18 测绘图

图 4-82   二门

　　正面的正房也是硬山式抬梁结构的双坡屋顶建筑，带前檐廊。正房的面宽没有占满院宽，在正房的东山墙与院墙之间留出一条通道，通向后面院子。正房原为该院落的客厅，客厅中间1间设有4扇屏门，屏门平常不开，在前方放置条几、八仙桌等，从两边绕行，通过后檐墙正中开的门，可进入第三进院。

图 4-83　第二进院东西厢房及正房

图 4-84　从二门的内侧向外看

图 4-85　第三进院正房

目前房主已外迁他处，第二进院正房的大门已被封堵，内部也曾经被划分成独立的5个小空间，即中间1间，两边的2间将原有的木门拆除，占用檐廊在檐下建墙开窗，以扩大室内空间，又将其分隔成前后2个独立的室。

第三进院的东西厢房均是3间硬山式抬梁结构的单坡屋顶建筑。正房，是硬山式抬梁结构的双坡屋顶建筑，带前檐廊，面宽3开间，中间1间开门，两边2间开窗，均通过中间1间进入，保持着原有的"一明两暗"[1]格局，目前也是人去楼空，院内杂草丛生（如图4-85）。

---

[1]　"一明两暗"是三间的房屋用隔墙分隔成三室。"明"一般指的是厅堂，位于正中直接面对院子开门，从院子可直接进入室内。"暗"则位于两侧，面向院内开窗而不设门，要通过厅堂两侧隔墙上开设的门进出，多用作卧房等。

第四进院目前遗留开间均为4间的硬山式抬梁结构的单坡屋顶东西厢房，均有不同程度破损，而正房已不复存在，仅可通过残留的墙壁辨认其原有的位置（如图4-86、4-87）。

图 4-86　第四进院的西厢房

图 4-87　第四进院的东厢房及正房遗迹

（十）类型 10（四进）

　　编号 B11、B12 院是位于大金店老街主街北侧，北拐与崔家拐之间相邻的两个坐北朝南的四进院落。目前两个院落都有局部残损，通过对两个院落剩余建筑物的具体研究，及对已损坏建筑物的遗迹考察，结合村民的介绍，可大致复原院落的空间结构（如图4-88、4-89）。

　　B11院落有3间临街房，面宽8.7米，为硬山式抬梁结构的双坡屋顶建筑，院落的大门开在临街房东侧（如图4-90至4-92），临街房面向院内带有前檐廊。进入院内，可见东西厢房为硬山式抬梁结构的单坡屋顶建筑，东厢房为3间，现北侧1间的底部已损坏，西厢房北端的2间已经坍塌，一部分被改造成厕所，其他部分用废弃的青砖和土坯堆砌成菜地。另外，西厢房南侧与临街房中间加盖1间面宽2.2米的小屋。

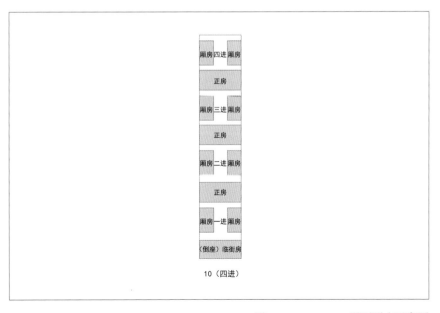

10（四进）

图 4-88　B11、B12 平面形态示意图

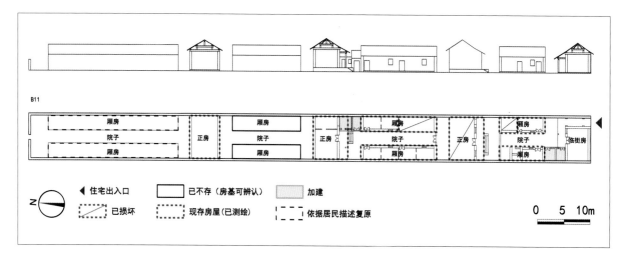

B11

厢房		厢房		厢房		厢房
院子	正房	院子	正房	院子	正房	院子
厢房		厢房		厢房		临街房

N

◀ 住宅出入口　　　□ 已不存（房基可辨认）　　▨ 加建

⸝ 已损坏　　　⸝ 现存房屋（已测绘）　　⸝ 依据居民描述复原

0　5　10m

图 4-89　B11 测绘图

　　第一进院的正房已经坍塌，只保留有房屋的台基和南立面，从残留的门窗和墙壁可以推断正房原为3间，带有前檐廊，为硬山式抬梁结构坡屋顶建筑。东侧1间设有出入口，是进入第二进院的通道，现在厅堂的台基上是用原来的青砖围合的菜地。

　　通过东侧通道，进入第二进院，有东西各4间厢房，均为硬山式抬梁结构的单坡屋顶建筑，目前东厢房南端2间已坍塌。正房是3间硬山式抬梁结构的双坡屋顶建筑，带前檐廊（如图4-93、4-94）。3间的中间1间与西侧1间未做隔墙，与东侧1间中间建有隔墙，将3间分为一大一小2室。室内有楼板将室内空间分隔为上下2部分，上面一般放置杂物，下面居住使用。中间1间靠后檐墙放有条几，上面摆放香炉以供奉神灵及先人（如图4-95）。西面1间有床、书桌及火炉等，目前房主仍在此居住。东侧的1间设有上下楼的楼梯。

　　第三进院目前已经无人居住，东西厢房已经坍塌，目前现存的正房为3开间硬山式抬梁结构的坡屋顶建筑，室内未设隔墙（如图4-96）。

图 4-90　B11 临街房

图 4-91　从正房看临街房

图 4-92　从临街房看院内

图 4-93　第二进院厢房和正房

图 4-94　从第二进院正房看院内

图 4-95　第二进院正房内部

图 4-96　第三进院正房

　　第四进院目前建筑已经不复存在，据目前居住在第二进院的房主介绍，该院落（B11）与西侧院落（B12）曾经是一个家族的人建设，为大家族共同使用。西侧院落是正院，此院落是跨院。两个院落的空间结构和房屋的样式基本一致，西侧的院落面宽大于该院落。由此可推断第四进院的空间结构和建筑形态应与西侧院落（B12）的情况相仿（如图4-97）。

　　B12的临街房大部分已经破损，仅留有位于临街房东侧的残破的正门，还有一些破败的墙壁，建筑遗迹上长满了野草（如图4-98）。从残破的地基和墙体可以判断出第一进院东西厢房的位置，但屋顶和墙体都已经坍塌，院里长满了野草。第一进院的正房已不存在。

　　原来第二进院也有东西厢房和正房，目前都已不复存在，取而代之的是在原地基上新建的2层现代建筑，并重新修建围墙。在围墙南立面中间开设大门，形成独立的新院落，面宽12.2米，进深22.3米。

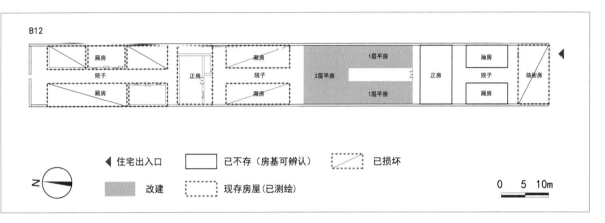

图 4-97　B12 测绘图

图 4-98　B12 临街房

　　原有的第三进院子，遗留有残破的东西厢房，传统抬梁式坡屋顶屋面几乎坍塌殆尽，荒草和树木丛生。第三进院现存的正房为3间面宽12.2米的传统抬梁式坡屋顶建筑，进深7.1米，有前檐廊（如图4-99），东侧留有通道，可通向后面院子。房门设在南立面的中间，房门紧闭且上锁，已无人居住。东侧1间被扩建至檐廊边缘。

　　经过东侧通道，进入最后一进院子，东西厢房已经残破，依稀可辨后院围墙。

　　结合当地人的描述可以知道，最初该院有四进院，院落总长在百米以上。经过调查确认，该院从临街房的临街墙至最后一进院的后院墙总长度为107.2米。

图 4-99　第三进院正房

（十一）类型 11（四进）

编号 B10、B13-14院是位于大金店老街主街北侧，北拐与崔家拐之间的两处临近的院落。据居民介绍，这两个院落的平面结构相似，都是坐北朝南的四进院落（如图4-100）。

目前后面的院子早已破败，需要通过居民描述，并结合周边与其他院落的联系，推断其原始平面形态。

编号为B10的院落，目前前两进院子的结构比较清晰（如图4-101），临街房面宽3间9.5米，为传统抬梁式坡屋顶建筑，不带前檐廊，正门和过道设在临街房的东侧。临街立面除正门外没有开设其他门窗（如图4-102）。临街房面向院内的中间1间正中设门，东西两侧各设窗（如图4-103）。

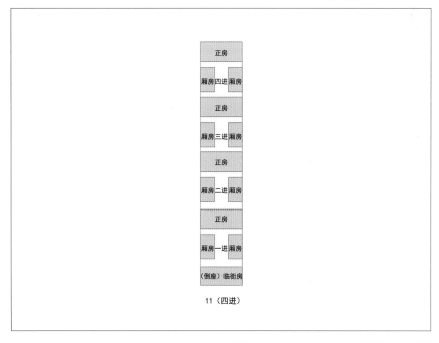

图 4-100　B10、B13-14 平面形态示意图

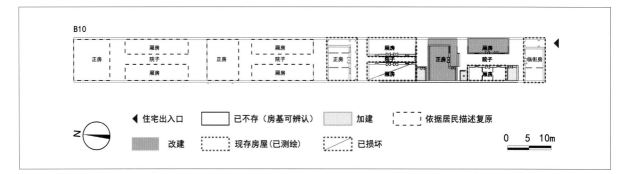

图 4-101 B10 测绘图

　　东西厢房之间留有宽2.5米的院子，东厢房是传统抬梁式单坡屋顶建筑，面宽9.0米，进深3.4米，室内被分为3个空间，中间1间开门，两边2间开窗。在西厢房的南山墙与临街房之间，有1间小房，面宽2.5米，据屋主说，该房是在20世纪70年代由于人多不够住而加盖的。东厢房为20世纪90年代翻新的红砖墙建筑，现在已经严重破损，屋顶坍塌。

　　第一进院的正房，是在原基础上改造的一层平顶现代建筑，基本保留传统房屋的空间格局，面宽9.5米，通道设在正房东侧。

　　经过右侧的通道进入第二进院，东厢房南山墙上可见神龛，厢房南端设置隔墙，墙中间开门，将院落分隔成两个独立的单元，从墙体材质可以判断隔墙是后期增加的。该院落早期被大家庭共同使用，后因家族形态、生活方式的变化及历史原因等最终形成多个家庭共同使用的情况，为了实现各个家庭的私密性和独立性，在院落中增加隔墙，形成封闭独立的院子。

　　第二进院的西厢房房顶已经坍塌，仅存部分墙体。东厢房是面宽11.3米的硬山式抬梁结构的坡屋顶建筑，保存相对完整，但房门上锁，已无人居住。

图 4-102　B10 临街房

图 4-103　B10 从院内看临街房

第二进院的正房为3开间、面宽9.5米的硬山式抬梁结构的坡屋顶建筑，带前檐廊，屋门设在正房中间，房屋已无人居住，东侧留有通向后面院落的通道，但门被大石头封堵，不能进入。

据居民讲述，第三、四进院曾经也有东西厢房及正房，后期因居民迁出，建筑无人管理维护，院落日益破损，现已成荒地。

B10第三进院的形态可以根据B12第三进院的形态进行推测。但第四进院子却与B11、B12不同。据描述，第四进院有东西厢房和正房，与前面的正房构成四面围合的院子。B13-14的第四进院与其一致，但可惜的是B13-14的第四进院已被改建，只能通过众人讲述来知晓其原始空间结构和使用情况。

目前，B10仅剩一位80多岁的老奶奶独自居住在临街房，室内空间由砖墙分隔成大小2室，面向院内一侧设门。中间1间是老奶奶日常起居的主要空间，房间南侧摆放单人床、三门衣柜和条几，东侧临窗放置桌子，窗台和桌子上放置存放米面、调料的大小罐子，西侧放置了案板和厨具。西侧1间主要用来储藏杂物。

编号为B13-14院落大部分为新改建筑，目前仅存一栋传统的抬梁式坡屋顶建筑，带有前檐廊，与B11、B12第三进院的正房并列，5开间，面宽12.9米，进深7.2米。根据B11、B12院落的现状，结合房主及周边居民的描述，可推断这栋仅存的传统建筑为该院落第三进院的正房（如图4-104至4-107）。

仅存的正房中间1间开门，东西2间各设窗，进入室内，中间与东西侧房间由隔墙分隔，中间设门。楼板将室内空间分隔为上下2部分，通过护梯（带扶手的梯子）上下（如图4-108），上面一般放置杂物，下面居住使用。

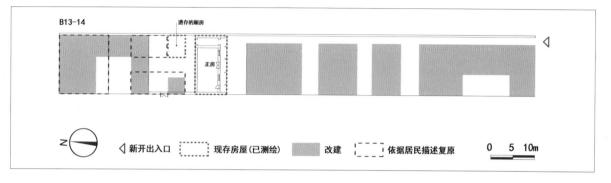

图 4-104　B13-14 测绘图

图 4-105　仅存的正房

图 4-106　进入第三进院的通道　　　　　　　图 4-107　B13-14 原临街房

据说传统合院民居的正房（作为上房）中间1间为堂屋，放置牌位、寿匾、条几、八仙桌、圈椅等，用于祭祀、节庆、婚丧嫁娶等活动，为家族精神活动的核心场所。目前该房的使用情况已发生改变，中间1间正面墙上挂着家族的谱系图，前面摆放2张方桌，方桌上有先人遗像和其他生活用品（如图4-109），同时也在此做饭、吃饭等。西侧1间储藏杂物，在人口较多时也做过卧室，为了出入方便，南侧墙面曾开过门作为独立的出入口。东侧1间目前是主人夫妇居住的房间。

据周边居民描述，遗存的正房后面原本为第四进院，也有东西厢房，最北侧有正房（后临街房）。正房的西北角有门，通向后面的街道（以前是田地）。这个院子是整个院落的最后一进院，最初是家庭服务人员生活起居的场所，同时也是饲养牲畜，存放农作物、农具的场所。总体看来，该院落从临街房开始，一直到最后面的正房，是有独立的四个院子构成，推测其总长度可达110米左右。

目前，遗存的正房东侧留有通道，联系前后院落，经通道进入后院，

图 4-108　护梯

图 4-109　正房室内

东侧厢房遗留下来一间小屋，长2.7米，西侧南边是新建的牲口棚，正房处新建一现代2层建筑，与南侧、东侧新建的1层建筑围合成"U"形院落。

如今，前面院子已经改造为新建筑，空间格局被打破，东侧通向后面院子的小巷据说也是在家族分家后，院落分割、建筑改造的过程中新留出的通道。

（十二）类型 12（五进）

编号 B20 院落是位于大金店老街主街北侧，北拐与崔家拐之间的五进院落（如图 4-110、4-111）。

该院原有的临街房已经损坏，仅剩下部分残留的墙壁（如图 4-112），站在原来大门遗迹的位置便可看见院内的东西厢房，其中西厢房是后来改建的新建筑，东厢房是 3 间硬山式抬梁结构的单坡屋顶建筑，在南面的山墙上设有影壁和一供奉土地爷的壁龛。影壁在北方民居中较为常见，但在大金店老街却相对稀少。该院的影壁在大金店老街最为精美，所以更显珍贵（如图 4-113）。两厢房南山墙之间原有隔墙，将院子分开，中间开设该院的二门，门外为第一进院，入门为第二进院。二门内另有屏门，类似北京四合院的垂花门。然而现在地面上的建筑物早已损坏，仅仅留下二门的台基（如图 4-114）。

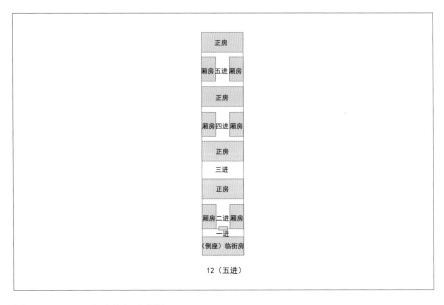

图 4-110　B20 平面形态示意图

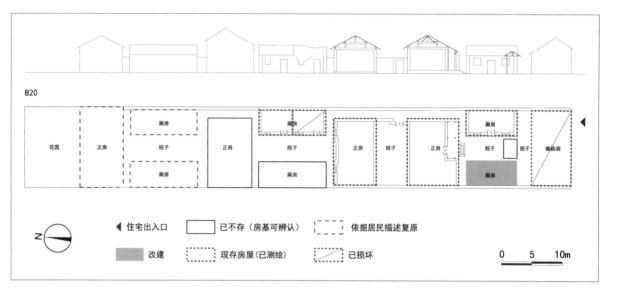

图 4-111 B20 测绘图

图 4-112 临街房的残墙

图 4-113　影壁

图 4-114　二门的台基

图 4-115   第四进院东厢房

　　第二进院的正房也是3间硬山式抬梁结构的坡屋顶建筑，带有檐廊。正房的东侧山墙与院墙之间留出通向后面院子的通道。正房后面又建有一座正房，和前面正房一起构成"二合"封闭的第三进院。第三进院没有厢房，两栋正房的东山墙之间建有围墙，中间开有1门作为院子的出入口（未能进入调查）。沿着正房东山墙外的通道继续向后走，进入第四进院。第四进院的东西厢房均为4开间硬山式抬梁结构单坡屋顶建筑，东厢房现已损坏严重（如图4-115），西厢房和正房现已不存，据说是有楼板将室内空间分隔为上下2部分，上面一般放置杂物，下面居住使用。大约在1985年，居民迁出后正房坍塌。正房的东侧也留有向后通行的通道，往后走便进入第五进院。第五进院是该院的最后一进院子，也曾经有东西厢房和正房，遗憾的是都在1990年前后倒塌，经人指认仍可寻见厢房与正房的遗迹。坐北朝南的五进院落，在大金店老街也仅有此一例[1]。

[1]　受访者描述，这是祖辈的老宅子，祖辈在陕西当过两任道台，经朝廷批准，在此建设宅院。除砖雕的影壁以外，大门两侧原有石鼓。

三、民居特色

（一）屋顶形态

1.传统硬山式抬梁结构的坡屋顶

在传统抬梁结构坡屋顶建筑的"三段式"中，给人印象最深的莫过于三段式最上面的屋顶部分。在清代，屋顶的样式有硬山、悬山、歇山、庑殿、攒尖、平顶（平台屋面）六个基本形式。

常见的硬山建筑屋面有前后两坡，左右两侧山墙与屋面相交，并将檩木梁架全部封砌在山墙内。硬山建筑也是古建筑中最普通的形式，在住宅、园林、寺庙中都大量存在，常见的形式有七檩、六檩、五檩。

五檩无廊式建筑是将整个进深长度的大梁放置在前后檐柱柱头或前后檐墙上，梁端上部置檩条，大梁前后各收进一步架的位置设置两根瓜柱，瓜柱顶端放置稍短的二梁，梁端上部置檩条，最后在最高的梁上设置脊瓜柱，构成三角形的二梁五檩木构架。

五檩无廊式建筑，通常前后两坡长度一样，而六檩是在五檩的基础上增加前檐廊，因此一面会略长于没有出廊的一面。常用作带廊子的厢房、倒座房，也用作前檐廊式的正房等。

七檩是前后出廊式建筑，是民居中体量最大、地位最显赫的建筑，常用它来作主房，有时也用作过厅。大金店老街民居中的坡屋顶建筑属于硬山形式。(如图4-116)

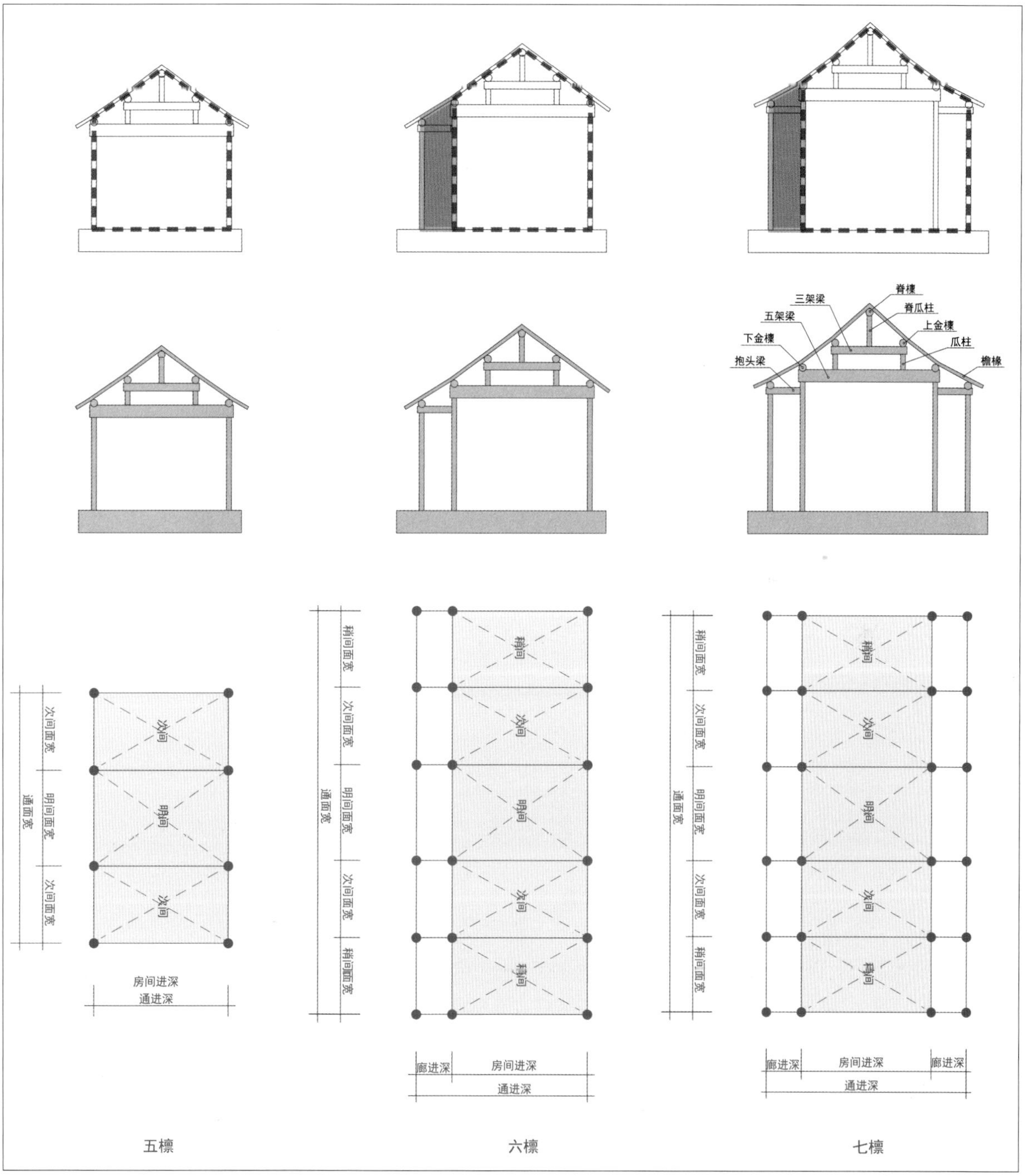

五檩　　　　　六檩　　　　　七檩

図 4-116　屋顶形态示意图

2. 屋面层次

硬山式抬梁建筑的骨架主要由柱、梁、枋、檩木以及椽子、望板等基本构件组成。椽子是屋面木基层的主要构件，屋面上椽子分为若干段，每相邻两檩为一段，用于屋檐并向外挑出的为檐椽，在各段椽子中，檐椽最长，檐椽头部都有横木相联系，称为连檐。在椽子上面铺钉望板，望板也是木基层的主要部分，屋面木基层之上是灰泥背和瓦屋面部分。

椽子直接承受屋顶荷载，郑州常见的有圆椽与方椽，一般比较规整。一般在房屋的椽子上面铺钉望板，经济条件较好的人家在建房时会铺设望砖、望瓦，简陋的民房常以席箔代替望板铺钉在椽子之上。铺设望砖室内效果较好（如图4-117），富裕人家还会在望砖表面写上"福""寿"（如图4-118、4-119），或是绘制八卦图案等。

图 4-117　望砖

图 4-118　带"福"字望砖　　　　图 4-119　带"寿"字望砖

　　大金店老街民居中所见的望瓦也是民居中较为常见的形式（如图 4-120），而铺设荆芭、苇箔代替望板更是一种经济实惠的做法，在一般民居中较为常见（如图4-121、4-122）。也有少数望瓦与望板结合使用的情况，主要是用在建筑物的屋檐部分（如图4-123）。

图 4-120　望瓦

图 4-121　荆芭

图 4-122　苇箔

图4-123　望瓦与望板结合

3. 屋檐

大金店老街的屋檐大致可分为直接伸出檐墙外、飞椽和封檐三种情况。

绝大多数屋檐都是直接伸出檐墙外（如图4-124），仅有几例如N17、N18、N19、B20、B25的正房，或是为增加屋檐的深度，在原有方形断面的檐椽的外端，加钉一截方形断面的椽子，这段方形断面的椽子就叫作"飞椽"（如图4-125、4-126）。

封檐的做法多种多样，根据房屋主人的经济实力及房屋的等级不同繁简不一，在大金店老街的民居中封屋檐的情况极少（如图4-127）。

4. 瓦

干槎瓦屋面的特点是没有盖瓦，是郑州传统民居应用最为普遍的屋面形式。这种屋面只用仰瓦相互错缝搭接摆放，以上下瓦压四留六或压七留三为准则，其用料省，自重轻，只要木架不变形、泥背不塌陷就不易漏雨。大金店老街的硬山抬梁式屋面民居中全部是采用干槎瓦屋面（如图4-128）。

图 4-124　屋檐直接伸出檐墙外

图 4-125　飞椽

图 4-126　飞椽

图 4-127　封后屋檐

图 4-128 干槎瓦

5. 屋脊

正脊为前后两坡相交最高处的屋脊，具有防水和装饰功能。垂脊为在屋顶与正脊相交且向下垂的屋脊。郑州传统民居的屋脊形式多样，繁简不一，正脊与垂脊主要有实脊、花瓦脊（也有称透风脊）两种类型。经济条件较好人家的实脊常用高浮雕刻花卉、文字、人物作为装饰，形态华丽生动。花瓦脊在郑州也非常普遍，其形式活泼多变，造价相对较低，且有效减轻了屋脊的重量。大金店老街民居中花瓦脊较为常见（如图4-129、4-130），带有装饰的实脊常出现在王家大院等规模较大的住宅院落（如图4-131至4-134），而普通的实脊则多见于一般的民宅（图4-135、4-136）。

图 4-129　花瓦脊

图 4-130　花瓦正脊

图 4-131　带有装饰的实脊

图 4-132　带有装饰的实脊

图 4-133　带有装饰的实脊

图 4-134　带有装饰的实脊

图 4-135　普通实脊

图 4-136　普通实脊

6. 屋顶的封山

　　作为常见的古建筑屋顶构造方式之一的硬山式，封山最大的特点就是将檩木全部封砌在山墙内，左右两端不挑出山墙之外。其目的都是为了防止雨水、湿气对椽头与檩头的腐蚀。大金店老街的民居建筑，将椽头封在前后檐墙内，以及将搭在山墙上的檩头用石、砖、土坯等封闭在山墙内。山墙大多没有装饰，仅仅是为了满足基本的功能需求，简朴实用（如图4-137、4-138）。

图 4-137　用石材和砖封的山墙

图 4-138　用土坯封的山墙

（二）传统民居的墙面材质

墙体在传统建筑中不仅是重要的承重结构，更是最主要的围护结构，它不仅要具备防卫、保温、隔热等基本的功能要求，还要考虑到经济性的问题。

郑州常见的墙面材质主要有石墙、砖墙、土坯墙、夯土墙及混合材料墙等。山区民居常用石墙，郑州西部低山丘陵地区多用毛石、卵石及条石砌筑基础、下碱及墙身，靠近河流的村落多用卵石砌墙。

用砖砌筑的墙体平整美观且防水耐磨，但相对来说，砖制作过程复杂，成本较高，一般从房屋用砖量的多少可以看出该户的经济实力。有些房屋为了美观，常常在房屋可见的主立面使用整砖墙，或在重点部位用砖砌筑，在其他侧面则混合其他材料砌筑墙体。

土坯墙多分布于黄土丘陵地区，是用生土砖砌筑的墙。土坯的制作方法是将黏土掺水闷一段时间，待其不干不湿时，反复和匀后装入模子，捣实成型后，去掉模子晒干即成。在郑州市的传统民居中，由于土坯墙的制作方法简单，易于操作，可自己动手而不必聘请工匠，经济又便利，因此土坯墙的使用率较高。夯土墙则是先用木板按需要的厚度支好模板，然后分层加入黄土，经反复夯实砌筑的墙体。土坯墙与夯土墙耐久性相对较差，但经济实惠，在大金店老街次要道路上分布的房屋中较为常见，目前仍有一定的遗存（如图4-139、4-140）。

混合材料墙是由砖、生土与石材混合搭配砌筑的墙体，可两两搭配，也有三材并用，充分发挥各材料的优势，形成经济适用又形态各异的外墙形式（如图4-141）。

图 4-139　夯土墙

图 4-140　土坯墙

图 4-141　用砖和石材砌筑的山墙

（三）单体建筑

1．临街房

　　从开间数上来看，大金店老街主街的临街房以3间为最多，占到总
数的40.6%，其次是5间，占总数的19.4%。功能上大体可分为商铺和居
住功能两种，大都是硬山式抬梁结构的建筑。作为商铺使用的临街房中，

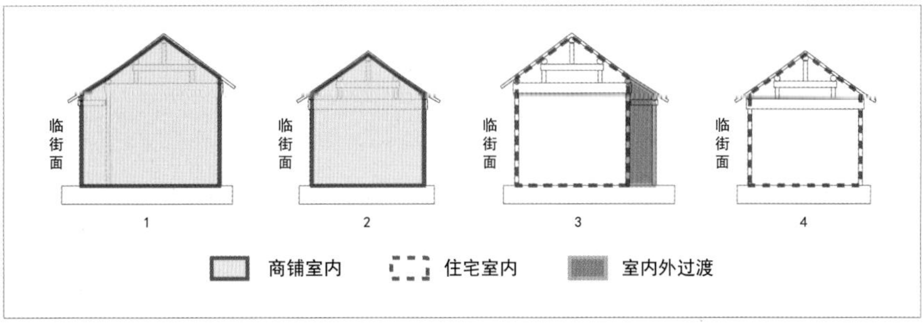

图 4-142   临街房剖面示意图

有五檩无廊的建筑，也有在五檩的基础上在临街面增加前檐廊，在檐柱设墙和开门的情况，这样可以增加建筑的进深，使商铺的使用面积增大，因此产生临街面的一坡长，面向院落的一坡短的形态。而作为居住功能使用的临街房有五檩无廊的建筑，也有六檩临街房，其前檐廊出在院落一面，面向街道的一面坡短而面向院内的一面坡长，这样形成的前檐廊成为建筑的室内空间和院子的室外空间的过渡部分。部分临街房的前檐廊还可与左右厢房以及正房的前檐廊连通，形成回廊，这样在雨雪天气也不必担心被淋湿。回廊与北京四合院中的抄手游廊相似。(如图4-142)

2. 账房

与居住建筑不同，在大金店老街的临街商铺与厢房之间，往往在一边或者两边建有账房，内部与临街房相通，账房一般室内空间狭小，是管钱的账房先生使用的财务室，也可作为店铺伙计夜间看店的居所。对于前商后住的院落，临街房作为商业店铺，账房既能满足店铺的使用，同时也不影响院落的独立性。账房的存在与否是区别大金店老街前商后住院落与纯粹作为住宅使用院落的标志之一 (如图4-143、4-144)。

图 4-143　账房与临街房（连通的门已被封堵）

图 4-144　账房

3. 厢房

大金店老街的厢房其后背墙基本不超出临街房或正房的山墙面，两厢房后背墙之间的宽度基本与院落同宽。由于院落宽度的限制，厢房的进深一般较浅，最浅的仅两米有余，以3间居多。也有不少4开间的厢房存在，使院子的长宽比增加，显得狭长。少数2栋厢房连接在一起，形成5间、6间厢房，院子显得更加狭长。

（1）单坡厢房

大金店老街民居建筑的厢房中，最为常见的是单坡屋顶厢房，进深都比较浅。而其中最为常见的是四檩厢房（如图4-145中2和3、4-146、4-147），三檩厢房较少（如图4-145中1、4-148）。单坡厢房往往和隔壁院落的厢房共用后背墙，形成外观与抬梁结构的双坡屋顶建筑相仿的形态，这样与隔壁的院落之间不会形成空地，使空间得到最大化利用（如图4-145中6）。与隔壁院落共用后背墙的情况也十分普遍。

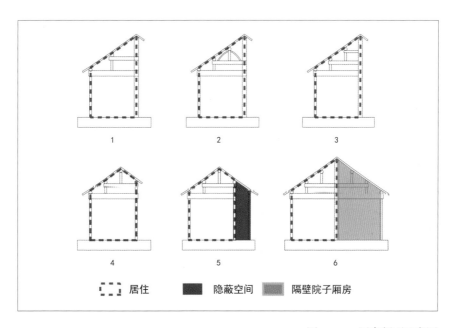

图 4-145　厢房剖面示意图

图 4-146 四檩单坡厢房

图 4-147 四檩单坡厢房

图 4-148 三檩单坡厢房

（2）一坡半厢房

一坡半厢房，是在五檩无廊式建筑的基础上单侧减去一根檩木而形成的两坡长度不一样的形态。通常在临近巷道的一侧，或是在周边尚没有建筑物的情况下建设（如图4-145中4、4-149）。进深一般略大于单坡厢房，也有极个别例子设置檐廊，如N17、B25院。

图 4-149　一坡半厢房

图 4-150　外观像一坡半厢房的双坡厢房（带暗室）

（3）双坡厢房

双坡厢房在大金店老街比较少见。双坡厢房虽然进深相对较大，但容易与邻家的厢房之间遗留缝隙，影响空间的高效利用。与一坡半厢房相仿，双坡厢房通常在临近巷道的一侧，或是在周边尚未有建筑物的情况下建设。另外，在大金店老街有一特例，将双坡厢房建成与其对面的一坡半的厢房外观相似。内部有隔墙分开，形成密室。据说是过去的有钱人为了安全起见，设置的藏人藏物用的"保险库"（如图4-145中5、4-150、4-151）。

4．正房

大金店老街两进以上院落的第二进院的正房和第一进院的正房往往作为上房使用，是宅主家庭成员的生活起居场所。

从平面上看，有面宽三间、小五间及三间两耳形态的正房（如图4-152）。

图4-151　外观像一坡半厢房的双坡厢房（带暗室）

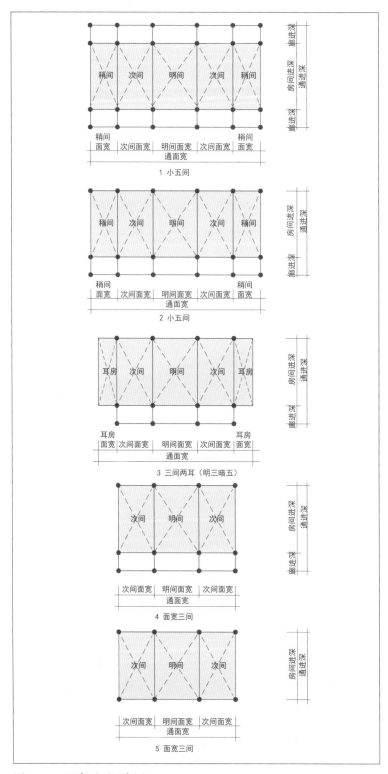

图 4-152　正房平面示意图

从剖面上看有五檩不带前檐廊、六檩带前檐廊和七檩带前后檐廊的正房（如图4-153）。

（1）过厅

大金店老街两进以上的院落中（类型4例外），第一进院的正房往往当作客厅使用，由于客厅正中一间的后墙往往开有通向下一进院子的门，因此也被称作过厅。

过厅的面宽有3开间的，也有一些因院落的宽度限制，建5间不足而建4间有余，为取得中轴对称建成小五间的，也有一例建成明三暗五的情况（如图4-154、4-155）。

过厅的宽度一般与院落同宽，仅有极个别宽度没有充满整个院子，在一侧留有通往后院的通道（如B20）。

过厅以六檩带前檐廊的最为普遍，五檩不带前檐廊过厅较为少见，七檩带前后檐廊的过厅在大金店老街仅有一例。

过厅会在后檐墙门的前方设置屏风或屏门，以遮蔽视线。平日绕过屏风或屏门从两边通行，进入下一进院子。遇到重大节庆日，则开门或移走屏风从中间通行。

除正中一间后檐墙开门以外，在过厅的左侧或右侧一般设通向下一进院子的通道，也是女眷与家庭服务人员的通道，这样不会对客厅

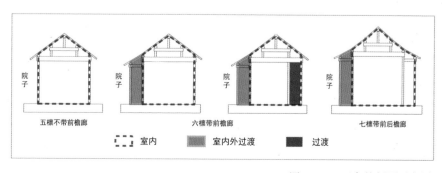

图 4-153   正房的剖面示意图

形成干扰。

过厅的使用功能界定了前面院子的使用性质主要用于涉外，与后面的院子有着明显的界限，一般客人便止步于此。后院人员尤其是女眷也不可随便步入前院。

（2）上房

作为客厅的正房后面一进院子的正房，在当地常称为上房。一般在

图 4-154　左侧耳房

图 4-155　右侧耳房

正中间设置香案供奉祖宗神灵，平日是家庭成员的生活起居场所。两边设置卧室作为主人及家庭成员的居所，是整个院落的核心建筑。一进院落（含类型4）的正房也是院落的上房。

上房的面宽同样有3开间的，也有因院落的宽度建5间不足建4间有余，为取得中轴对称而建小五间的，也有建成明三暗五的情况。现存的上房中面宽明三暗五、六檩带前檐廊的建筑仅有一例（如图4-156）。

图 4-156　明三暗五、六檩带前檐廊上房

　　上房也是以六檩带前檐廊的最为普遍（如图4-157），极少见五檩不带前檐廊上房（如图4-158）。带有前后檐廊的七檩上房在大金店老街仅有一例，也是大金店老街唯一一例七檩带前后檐廊的建筑，规模最大，进深接近面宽，当地人称之为"方三丈"（如图4-159、4-160）。

　　上房是整个院落中最为重要的建筑，因此也是整个院落中最高的一座建筑物，内部空间常常利用隔板分隔成上下两层，内部有木质楼梯供人上下。

图 4-157　六檩带前檐廊上房

图 4-158   五檩不带前檐廊上房

图 4-159   方三丈

图 4-160   方三丈

一层一般在正中间设置香案供奉祖宗神灵，两边设置卧室作为主人及家中长者的居所。二层空间较低的一般作储物之用，二层空间较高的也供居住用，N19上房的二层据说就是给未出嫁的女儿用（如图4-161）。

图 4-161　N19 上房

　　另外，大金店老街三进以上的院落中（类型7例外），有一个院落存在两座上房的案例。均是第一进院正房作为客厅使用；第二进院是主人及其子女的的生活空间，正房作为上房是主人及其家人的居住场所；第三进院的正房作为上房，不但是家族的最长者或是长辈们的生活空间，尊祖先敬神灵的空间也往往设置在此，这样的上房建的也会比前面院子的上房略高一些。

　　上房之后的最后一进院子，是家庭服务人员生活起居的场所，同时也是饲养牲畜存放农作物、农具的场所。没有得到许可，后院人员不可进入前一进院子，体现出明显的使用区别。

　　大金店民居中的单体建筑，尤其是沿中轴线排列的建筑，功能相对单一，空间性格明确，又以此为主体构建出空间功能和性格相对明确、独立的围合空间，依据家族规模、经济条件、用地等具体情况向后纵向发展延伸，最后呈现出一进至五进的狭长院落，并发展出一些满足大家族生活使用的横向串联的大宅院。

　　现存的民居中有的临街建筑仍在作为商铺经营使用，后面的院子作为服务与经营的作坊和居住场所，称得上是商、住、坊一体化的院落。

　　通过复原分析发现，从涉外的会客空间，到家庭内部的生活起居空间，再到家庭生活的服务空间等，院子的"内外""长幼""尊卑"的空间秩序分明，沿中轴线向后排列，最长的进深达到110米，曾经也与相邻的院落横向连通，满足大家族共同生活所需。现存的比较完整的民居中也有多个院落横向连通的情况。

　　然而，较大的院落几乎全部在后续的家庭结构、家族成员发生变化的前提下，出现了院落分隔、建筑物分属不同所有者的情况，破坏了院落原有的空间秩序。同时，原有功能比较单一的单体建筑为了满足一家人的生活起居需要，使得原有建筑的空间性格也发生了多元化的转变。一部分居民为了进出住宅的需要，在临街面或是院落侧面的道路上开辟了新的通道，街巷的空间格局产生了变化。为了满足居住空间的需求以及新生活的需要，一部分居民对自己所有的建筑进行改造，或是在现有院子中加建新建筑，或是对建筑物进行局部的改造，院落的整体风貌发生了变化。一些居民在适宜的时机迁出老宅，另辟新居。一部分建筑在长期无人居住和维护管理的情况下，自然损坏加剧，最终坍塌或成为废墟，使原有院落清晰的空间结构开始模糊，一些院落呈现碎片化的情况。

随着年轻人纷纷外出求学、工作、定居，院落中出现的空房不在少数，同时居民渐渐步入高龄，老宅院的未来堪忧。

第五章　大金店老街的其他建筑

　　大金店老街的其他建筑，包括南岳庙、中正堂、孔庙、老天爷庙、奶奶庙、火神庙、公用房、教堂等，与大金店老街的产生、发展、变迁有着或多或少的关联，同时也与大金店老街人民的生活、生产有着紧密的联系（如图5-1）。

一、南岳庙 （扫码观看视频）

　　南岳庙位于大金店老街主街中段，2013年5月被国务院列入重点文物保护单位（如图5-2）。南岳庙原有前、中、后三个院落，南北长约

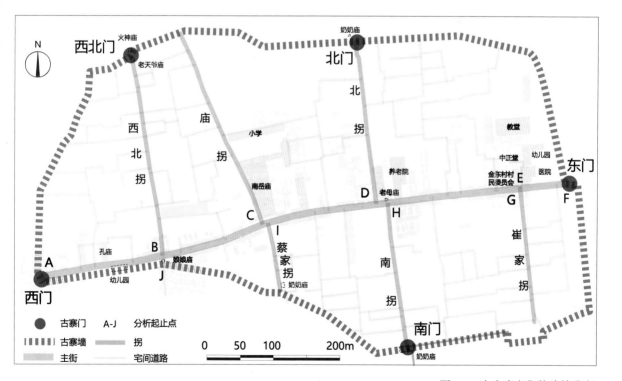

图 5-1　大金店老街的建筑分布

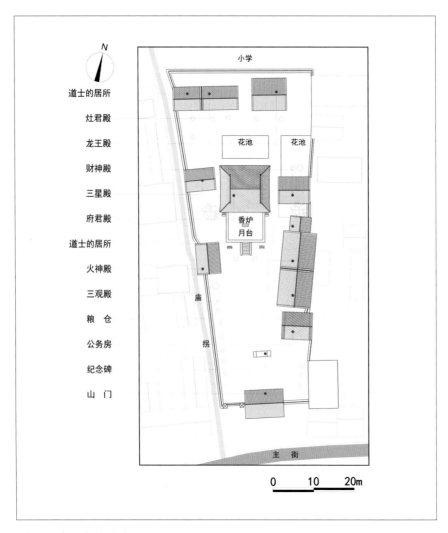

图 5-2 南岳庙平面图

90.8米，东西宽66米，占地约6100平方米，现存主要建筑为始建于金代的南岳庙大殿（府君殿），其他为明、清配殿建筑，但多为后代改建。

庙前原有山门三间，系硬山式灰色筒瓦覆顶，东、西两侧为硬山式掖门。山门后为戏楼，供群众逢年过节演戏使用，可惜新中国成立后倒塌。2009～2010年修复庙院时，仅恢复了山门，为面阔三间、硬山灰色筒瓦房，正脊两端置两吻，檐下无斗拱，无彩绘，施木板门、木格窗，前墙正门之上悬正书匾额"南岳庙"（如图5-3）。

走进山门为庙的前院。院子正北面有府君殿，即正殿。其东侧有财神殿（如图5-4）、三官殿、粮仓等，西侧有三星殿、火神殿。

图 5-3　南岳庙山门

图 5-4　东侧的财神殿

　　府君殿面阔三间8.98米，进深三间7.68米，单檐歇山建筑，灰色筒瓦覆顶（如图5-5、5-6）。殿内明开间为3.86米，两次间各为2.56米。殿内采用减柱造方式，即减去前面的两根金柱，增大了使用面积，后两根金柱使用叉柱造，柱子下面有高约0.19米的八棱青石柱础，周长1.3米，柱子也称八棱，周长1.33米，两柱间距3.86米，柱高3米以上是额枋，枋上有彩绘图案，但已模糊不清，额枋有一横额，楷书"位配南岳"，匾顶有四块木雕板做装饰，分别绘有飞马、花卉等图案（如图5-7）。

图 5-5　府君殿

图 5-6　府君殿背面　　　　　　　　　　　　　图 5-7　府君殿内

被破坏以前，府君殿四面墙壁原来有壁画，神龛有一尊泥塑府君，两侧有泥塑四大将军，殿前有一口大铁钟，重千余斤，碑碣十余通。后院有老天爷庙、灶君殿、龙王殿、老君洞、义勇祠等建筑，民国初年尚有道士主持事务。经历数次反封建、破除迷信运动，这些建筑全部毁掉无存。现仅存正殿三间，月台一个，斗拱尚为完整。1985年前后府君殿曾被大金店小学使用[1]。1990年2月修葺，保留着金代建筑的规格形式。

现殿南面墙体厚600毫米，北面墙体厚750毫米，东西山墙厚750毫米，前檐明间装隔扇门4扇，两稍间各装隔扇窗4扇。殿前后檐及山面斗拱相同，均为五踩双下昂斗拱，斗拱栱瓣呈较为简洁的斜面，斗拱彩绘，挑角钟铃，无论从斗拱工艺还是雕工手法，均技艺精湛。大殿南面做隔扇门和窗，其余3面砌墙，墙之两端用青砖砌筑，中间筑土坯墙，这是

[1]　河南省登封县地方志编纂委员会：《登封名胜文物志》，1985，第61页。（内部资料）

图 5-8 府君殿月台 　　　　　　　　　图 5-9 第二进院的龙王殿

殿堂建筑中已不多见的实例。屋面用灰色筒瓦，正脊两端置两吻，垂脊端施垂兽，戗脊端施垂兽，用仙人，灰色筒瓦盖顶，另用盘龙纹瓦当和凤纹滴水。整个木构架既有金代做法，又具有中原地方特色。[1]

殿前有月台，东西长9.9米，南北宽7.9米，高1.2米，面积约78.2平方米。月台前有10级石制踏步，砖砌象眼，青砖铺地，四周有压条石，十分坚固（如图5-8）。府君殿两侧的各配殿，均为面阔3间、进深1间的单檐硬山式建筑，用灰瓦或小布瓦做屋面覆顶。正面多为板门，次间为槛墙，有的为槛窗，其余三面均为两端砌砖柱，中心为土坯墙，个别殿房出前檐，由木质明柱支撑。

府君殿后为第二进院，原有天爷庙、灶君殿、龙王殿等建筑，修复后保留了龙王殿与灶君殿（如图5-9、5-10），建筑结构及用材基本与第一进院配殿建筑相同。再往后为第三进院，原有老君洞和义勇祠等建筑，因曾被学校占用，古建筑尚未恢复。

---

[1] 段双印：《大金店镇志》，河南人民出版社，2014，第227页。

　　南岳庙府君殿内金柱使用减柱造和叉柱造，是典型的金代建筑。殿宇外形朴实，明间斗栱两攒，次间一攒，斗口均为105毫米，内部木构架，层层梁间节点均施攀间斗栱，各挑角均用抹角梁的做法，又有宋代遗风，故该殿宇是研究宋、金建筑的珍贵实物资料。另外，大殿与各配殿除正立面外，其余三面墙体为两端用青砖砌筑，中心为土坯墙，外粉黏土混合浆，屋脊之垂脊为叠瓦做法，均富有登封地方特色，整个庙宇为四合院传统布局。

图 5-10　第二进院的灶君殿

南岳庙的前身是府军殿，传说金兀术占领中原后，野心勃勃企图吞并南宋。全国五岳，金兵已占有四岳，仅有南岳衡山未达，因此在这里建造南岳庙，名为"位配南岳"，代表攻占了整个中国。

南岳庙供奉的是崔府君，崔府君在唐宋期间香火极盛。他的封号有灵圣护国侯、护国威胜公、护国显应公、护国显应昭惠王、护国西齐王等，淳熙十三年（1186年）奉光尧皇帝圣旨，改封真君。

唐宋之后，崔府君在神庙里大都被塑成一个头戴软翅乌纱帽，身穿圆领红官袍，腰系犀牛大宽带，足踏歪头皂靴，一脸胡须，一双圆眼，左手拿善恶簿，右手执生死簿的形象。据说崔府君是农历六月初六诞辰，所以宋金时期大江南北凡有府君庙的地方大都要在农历六月初六举行纪念活动，同时也带动了当地的商贸活动，形成了老古刹会。大金店老街六月初六的老古刹会也是在府君殿修建后因相同原因兴起的。20世纪70年代以前，大金店老街其他"会"和"集"的地点主要都是在以南岳庙为中心的大金店老街主街上[1]。

可以说南岳庙的修建及对崔府君的纪念活动对当地的集会活动和经济的发展起到了带动作用，而集会活动中的商品交易又与大金店老街商业街的形成有着不可割裂的重要关联。

农历六月初六的崔府君诞辰活动主要是唱戏，百姓会从登封请来戏班子表演，祭祀活动在20世纪80年代被中断，原因之一是当时南岳庙及其配殿作为小学在使用，后来到了90年代初期，随着小学新址的落成，小学迁出，祭祀活动才慢慢恢复。来参与祭祀的人们多是大金店镇和周边村镇的居民。

---

[1]　雷银三、雷长明：《大金店街志》，2012，第46-47页。（内部资料）

　　抗日战争时期，原中共西华县中心区宣传委员张艺文在洛阳师范学院学生李仲敏（登封籍）的帮助下、在南岳庙（即当时的大金店完小）担任教师。期间，在张艺文的影响和带动下，教师和学生中涌现出一批抗日积极分子，有教师王实甫，学生张建仁、王高印、王甲科等。共产党员张艺文和教师王实甫依托南岳庙后配殿成立了登封县嵩阳读书会大金店分会，会员30多人，进行抗日救亡宣传，播撒革命火种。

　　目前南岳庙府君殿后立有"嵩阳读书会分会遗址"石碑，碑背面载："该遗址位于大金店中街路北南岳庙内，一九三三年六月登封振坤女小教导主任、进步青年李仲敏在县城女小成立嵩阳读书会，组织教师杜和卿、张万育、陈玉勤，学生王春芳、申玉英等五十多人以读书为名宣传党的主张，组织抗日活动。原西华县地下党中心区委宣传委员商水人张艺文到登任教，和完小教师王宝甫在大金店完小也组织嵩阳读书会分会，发展会员三十余人，读书会活动为抗日救亡运动播下了新的革命火种，许多有志青年纷纷走上革命道路，成为一代英豪。"（如图5-11、5-12）。

图 5-11　嵩阳读书会分会遗址碑　　　　　　图 5-12　嵩阳读书会分会遗址碑背面

二、中正堂

　　中正堂位于大金店老街东段路北，今金东村村委会后面，当地群众习惯称之为十三军大礼堂，始建于1941年，以中华民国军事委员会委员长蒋中正的名字命名，由国民党31集团军第13军军长石觉动员大金店人捐钱捐物建造，建成后为13军军部。13军在登封驻防两年多（1942～1944年4月），军部驻扎在中正堂内，一些重要会议均在此召开。1944年4月日寇侵占登封，13军不战而溃，逃往他乡。1945年8月国民政府军曾在中正堂举行受降仪式，接受日本侵略者投降[1]。新中国成立后，中正堂作为公有财产由大金店大队、村委使用，2002年中正堂被登封市人民政府评为登封市第三批文物保护单位，2009年入选郑州市文物保护单位（如图5-13、5-14）。

　　中正堂坐北朝南，进深9间，开间3间，进深约30米，宽约13.1米，约393平方米，砖木结构，为中西合璧的礼堂式建筑。中正堂墙体用白石灰砖石粘缝垒砌，木构架梁，小灰瓦盖顶，重檐，山墙面开门。前后单架梁对五架梁，重檐金柱，灰瓦覆顶。南门为礼堂正门，高大威武，正门顶部交于礼堂主体，高约8米，南山墙正中开拱券门，高2.74米，宽1.64米，券门上有13军军长石觉书"中正堂"石匾（如图5-15）。大门西下方墙体上有"建造纪念碑"一方，内容毁于"文革"，上层檐下置有方格形凉窗。进入中正堂内有两排木柱，共16根，木柱上各置单步梁，柱下置青石覆盆柱础，室内全用与墙体同规格的条砖平铺，南部两间置有棚板，是当时军官们训话的讲台。建筑整体保存较为完整，部分建筑

---

[1]　段双印：《大金店镇志》，河南人民出版社，2014，第9页。

构件损坏。(如图5-16)

　　中正堂对研究民国时期嵩山地区地方建筑及中西合璧建筑具有一定的实物价值,同时也为研究抗日战争时期国民党军队在嵩山地区的活动提供了实物资料。

图 5-13　中正堂保护单位碑

图 5-14　中正堂

图 5-15　中正堂南立面石匾

图 5-16　中正堂内部空间

三、孔庙

孔庙位于大金店老街主街西段路北（如图5-17），又称文庙、圣神庙、少阳义塾。据石碑记载为明清建造，碑文载："按大金店古负黍亭，少室之离方，昔设负黍书院，今立少阳义塾，穷儒之进修有阶，寒门子弟

图 5-17　孔庙

有德有道，纳一世于春风化雨，文治之昌明三代比隆，足纪国运之体，兴国祚之大而长也。"

大金店老街孔庙原为筒瓦盖顶，房舍6间，雕梁画栋，房前有拜台山门，内有影壁，雄伟壮观。因兵燹天灾侵蚀，塑像被毁，屋宇倒塌。1995年，许多大金店人慷慨解囊，通过募捐重修展堂，再塑孔夫子圣像，孔庙于1995年农历九月初六竣工开光。现在的孔庙在旧址建有圣神殿三间（如图5-18），有大门和围墙，内置重修及捐款功德碑。

义学产生于北宋时期，是一种专为民间孤寒子弟所设立的学校，学生年龄为15岁以下，主要是识字写字、读书作文、学算等，并兼有伦理教化的功能，常用课本有《三字经》《百家姓》等。清嘉庆二十五年（1820年），农业收成好，百姓安居乐业，读书风气盛行，大金店举人郑博学，贡生霍逢吾，监生李延槐、李杰等尊谕劝捐，倡导地方学校在南岳庙办起少阳义塾。从现存的碑文"昔设负黍书院，今立少阳义塾，一镇两学，

图 5-18　圣神殿

先后争辉"可知,大金店老街在此之前已经在孔庙内建有义学负黍书院。

可见,大金店老街不仅商品贸易发达,而且读书学习风气盛行,文人义士等以民间力量创办公益学校,为贫寒学子提供受教育的机会,为地方文化教育事业的发展做出了巨大的贡献。

四、老天爷庙

老天爷庙位于大金店老街西北拐北口,内祀奉玉皇大帝、观世音、火帝真君三尊圣像,以祈求"风调雨顺、政通人和、国泰民安、保佑四方、救人之苦",并为乞讨者及周边经商者提供遮蔽风雨的地方(如图5-19)。

图 5-19　老天爷庙

五、奶奶庙

奶奶庙又被称为娘娘庙、老母庙，现存6处，分别是位于大金店老街西北拐北口的老天爷庙内的奶奶庙、西北拐南口的娘娘庙、大金店老街蔡家拐南端的奶奶庙、北拐北寨门外的奶奶庙、南拐南寨门内的奶奶庙及北拐南口的老母庙。

经访问，奶奶庙奉祀的有观音菩萨、王母娘娘，虽奉祀的神灵不同，但百姓主要都是为了祈求子嗣。其中，北拐南口的老母庙是历史最久的奶奶庙，B24院落在盖临街房时，特意避让了老母庙，临街房中西侧一间向后退让（如图5-20）。

图 5-20 北拐南口的老母庙

　　西北拐南口的娘娘庙历史也较早，由于老街南侧是居民新区，为方便通行，重修奶奶庙，将其坐落于两层的平台上，平台下方设立通道，通往现在的居民新区（如图5-21）。

　　北拐北寨门外的奶奶庙，始建于明清时期，期间经过多次重修，每年正月十三有古刹会。

　　西北拐北口的老天爷庙内，奉祀着三尊神像，其中一尊是观音菩萨。

　　南拐南寨门内的奶奶庙，每年六月初六有古刹会（如图5-22）。

图 5-21　西北拐南口的娘娘庙

图 5-22　南拐南寨门内的奶奶庙

六、火神庙

　　火给人们带来了光明、温暖、文明、进步，同时也给人类带来了灾难。在没有阳光的世界里，人类是不能生存的，火与太阳一样，都是高深莫测的，人们不能理解，认为只有崇拜、敬祭、供奉火神才能保佑平安，免去灾难。

　　大金店老街的人们崇拜火神由来已久，数百年前南岳庙内就建有火神庙，后来因战乱夷为平地。火神庙于民国年间重建，在20世纪50年代遭到破坏，21世纪初重修。另有一处火神庙位于西北拐北口西北门外。（如图5-23、5-24）

图 5-23　西北门外的火神庙

　　火神，被称为火神爷，火神爷在大金店老街很灵验，大人小孩都很崇拜他。人们如无法自证清白时，就以赌咒的方法解决，说："我要做了对不起乡亲的事，那就叫火神爷烧了我。"可见人们对火神爷的尊敬和崇拜。大金店老街每逢春节都要摆大供，唱大戏，祭祀火神。春节摆

图 5-24 西北门外的火神庙

　　火神大供是最热闹的活动，因为摆供需要的人多，全村的男女老少都要出来帮忙，以求得火神保佑五谷丰登，全家安康[1]。

---

[1]　雷银三、雷长明：《大金店街志》，2012，第267页。（内部资料）

七、公用房

公用房是中华人民共和国成立初土地改革时期，政府为其办事机构和事业服务部门留作备用的房屋。没收地主家庭多余的房产分给贫苦穷人后，剩下的作为公用房产由登封县房产所管理。曾被大金店区委、大金店区政府、卫生院、农行大金店营业所、公安派出所、大金店邮电营业所、供销社、医药公司、大金店大队、学校等使用。改革开放后，当地政府落实党的房产政策，将公用房物归原主，有的变作他用[1]。有些公用房为了增大空间面积，提高利用率，按需要将传统老宅的临街房或第一进院子的部分建筑进行改建，形成了有别于大金店老街传统店铺的多开间临街建筑。

在后续的使用过程中，这些建筑也出现不同程度的修缮改建，或在房屋的基础上修改门面，或翻新房屋屋顶，或进行内部改造，但外部总体仍保留了原先老店铺的基本风貌，仍反映出当时的时代信息（如图5-25至5-29）。

1958~2005年间，大金店陆续建设了新的公用房，政府办事机构和事业服务部门相继有了新的场所，早期的公用房退出了公共服务领域[2]。

目前这些公用房基本都不再使用，保护的现状不容乐观，而且相对于建筑年代久远的传统建筑，早期的公用房因建设（或改建）、使用时间较短而没有得到普遍的价值认同。对于年轻人而言，其承载的历史信息也渐渐模糊。

---

[1] 段双印：《大金店镇志》，河南人民出版社，2014，第383页。
[2] 同上。

图 5-25　老公社旧址

图 5-26　老供销社食品门市

图 5-27　老供销社照相馆

图 5-28　老供销社缝纫门市

图 5-29　老供销社百货商店（蓝顶）

八、教堂

1938年，美国一位姓白的女传教士身携重金来登封传教，发展了几位基督教徒，早期这几人在金东村一村民家租赁房子当作教堂，当时信徒约有二十人。后来，信徒们捐款集资在西北拐另买一院子做教堂。遵循"自治、自养、自传"的宗旨，本着"爱国、爱教、荣神益人"的原则，教会迅速发展起来，20世纪90年代信徒人数发展至几百人，并建造了两层400多平方米的教堂（当时是全县第一所教堂）。

1996年经政府协调，教会购买了大金店金东村原棉麻公司仓库大院（院内面积13亩，内有房屋几十间）为教会所用（如图5-30、5-31）。后

图 5-30　棉麻仓库旧址内部

图 5-31　棉麻仓库旧址

因该教堂不能满足教会的活动需要，于2004年10月开工建设了新的教堂
（如图5-32）。新教堂面积2100平方米，最多可容纳3000人 [1]。

图 5-32　新教堂内部

[1]　雷银三、雷长明：《大金店街志》，2012，第271-273页。（内部资料）

第六章　大金店老街的民俗文化

一、民间信仰

大金店老街历史悠久，文化底蕴深厚。道教、佛教、基督教、伊斯兰教在大金店老街都有信众，他们互相包容，和睦共存，并影响着人们的生活。

道教是中国本土宗教，以"道"为最高信仰，是一个崇拜诸多神明的宗教形式，中国老百姓心目中的神仙大多属于道教神仙谱系，这些神仙渗透进了大金店老街人们的生活。百姓普遍敬祭的神灵有门神、土地神、灶神、井神等。

（一）门神

门神是民间共同信仰的守卫门户的神灵，人们将其神像贴于门上，用以驱邪避鬼，保平安，助功利，降吉祥等，是深受人们欢迎的守护神之一。在大金店老街，无论是商铺还是住宅，在大门上张贴门神是新春佳节要做的一件大事。在大金店老街最受欢迎的两位门神爷，就是秦叔宝和尉迟敬德。大金店老街曾有小鬼闯入民宅作乱的传说，而这两位门神爷的主要职能就是驱逐恶鬼，保护家人平安（如图6-1至6-4）。

（二）土地爷

大金店老街商业贸易历史悠久，经济发达，而农业也是其非常重要的产业。土地爷是中国古代传说中掌管一方土地的神仙，又称土地神、土地、土地公公。土地爷在道教神仙中地位较低，但在百姓信仰中地位较高，百姓靠地吃饭，没有土地人们难以生活，所以敬祭土地爷。

图 6-1　门神

图 6-2　门神

图 6-3　门神

图 6-4　供奉门神

　　大金店老街的土地爷都敬在门楼（大门建筑的通称）一侧，土地爷两侧写有对联，常见上联写"土能生白玉"，下联写"地可发黄金"（如图6-5、6-6）。大金店老街的民居中很少见为土地爷而建的精美神龛，家家必不可少的是土地爷神像和神位（如图6-7、6-8），足见土地神在人们心中的地位。

　　在大金店一般人家只敬土地爷，但也有人家除敬土地爷外，也敬土地奶奶，与土地爷共享人间香火。

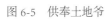

图 6-5　供奉土地爷

图 6-6　供奉土地爷

图 6-7　供奉土地爷

图 6-8　供奉土地爷

（三）灶神

灶神又称灶王爷、灶君、灶君司命、老灶爷。灶神是神话传说中等级最低的地仙之一，负责管理各家的灶火。传说，玉皇大帝在每家派驻一位监督员即灶神，以监督这家一年的所作所为，灶神每年腊月二十三日晚要上天向玉皇大帝报告这一家人的善恶，正月初六返回人间。祭灶神寄托了中国劳动人民驱邪、避灾、祈福的美好愿望。

大金店老街有"男不拜月，女不祭灶"的说法。据说，灶神长相清秀，怕有男女之嫌。

灶神供奉在灶伙（厨房）。春节前，住家赶集请一张新的木刻印画，三十夜里贴在灶伙最显眼的位置即可。祭灶还有用烧饼进贡的习俗。在大金店老街，人们有根据灶神像中的成员数量来预测家中新生儿性别的习俗，画像中成员是奇数者家中添男丁，偶数者家中添女孩。

（四）井神

井神是我国民间传说中的神灵之一。井神管辖水域的范围虽说较小，但因与老百姓的生活息息相关，因此其重要性绝不亚于江河湖海诸神。古代，绝大部分中国北方民间的吃水、用水都是依靠水井，许多农田用水也要靠井水来补充。大金店老街的习俗是必须在除夕之前把水缸挑满，大年初一不能挑水，要供祀井神，以祈求全年用水充足。井神一般没有塑像，春节时每户写有牌位（如图6-9至6-11），放在井口旁边，摆供，烧香祭祀。井水冬天温和，夏天凉爽，冬天洗衣不冻手，夏天饮用清凉解暑，也常被用来冰镇瓜果等。人们认为饮用井水对身体有很多好处，因此，大金店老街大多数人家的水井目前仍在使用。

图 6-9　供奉井神

图 6-10　供奉井神

图 6-11　供奉井神

（五）其他

百姓的信仰通常与居家生活、执办生意、生产活动有关，在大金店老街人们供奉的还有天地全神（如图6-12），以及许多家庭和行业的保护神。打煤窑的就要敬祭老君爷、财神爷，以求得平安进财，生意兴旺。家里有大树的供奉树木老仙，家里房屋室内用木棚板隔成上下两层的则敬供奉上仙（如图6-13），饲养牛的人家供奉牛王，饲养马、骡、驴的供奉马王，饲养猪的供奉圈神（如图6-14），种菜的供奉青苗神，开药铺的供奉药王，铁匠、银匠供奉窑神和太上老君，木匠供奉鲁班，纺织业供奉纺织神黄道婆，酿酒业供奉酒神杜康，等等。

图 6-12　供奉天地全神

图 6-13　供奉上仙

图 6-14　供奉圈神

二、非物质文化遗产

（一）武术文化

大金店老街所在的大金店镇离禅宗祖庭、功夫圣地嵩山少林寺及其下院清凉寺很近，受僧人习武影响，为求一技之长，也为了强身健体、延年益寿，同时为了防盗、看宅护院，很早就有人到少林寺习武学艺，也有身怀绝技的少林高僧到此地传授武艺。20世纪30至40年代，少林俗家弟子、少林功夫大师李根生在大金店老街设立四大拳场，义务传授少林武术，大金店老街有许多人到拳场练武，培养了许多少林武术人才，配合当地"闹节气"，传统少林武术日益兴盛。新中国成立后，还俗少林武僧释德根、少林武僧素喜曾到大金店老街传艺。大金店老街许多老拳师家里还放有世代相传的古兵器，有梢子棍、单刀、红缨枪、大镰、大刀等。大金店老街武术与少林寺武术一脉相承，源远流长。演练少林武术成为群众性运动，大金店老街也被誉为武术之乡[1]。

（二）猩猩怪

登封地处嵩山怀抱，受少林文化影响融合产生"猩猩怪"这一独特的少林文化表演形式。由3～5人身穿缝制的表演道具猩猩怪皮，伴随着鼓、锣、镲等伴奏进行表演。表演内容多样，以拳法、刀、枪、剑、棍、双节棍、春秋大刀、梢子棍、达摩杖等与猩猩怪对练，其动作古朴简单，摇头、摆尾、翻滚、腾跃，乐曲节奏极强，有大量的即兴创作，集少林武术、民间乐器、人与兽为一体。庙会、逢年过节、大型企业开业庆典等都会邀请猩猩怪表演，猩猩怪表演已成为登封人民生活中不可缺少的组成部分。[2]

猩猩怪除了具备娱乐价值之外，还具有很高的历史、文化和艺术价值。其创始与发展对少林文化的保护延续发挥了巨大的作用，在一定层面上，猩猩怪反映了登封人民对武术的挚爱，对美好生活的追求，是劳动人民追求向上的体现。

---

[1]　雷银三、雷长明：《大金店街志》，2012，第176-177页。（内部资料）

[2]　郑州市非物质文化遗产保护中心编《郑州非物质文化遗产》，河南人民出版社，2010，第60页。

（三）铁礼花

每年的正月，农民除了玩社火、唱地方戏以外，还可以在正月初七晚上看铁礼花。

正月初五前后，人们就在大街上用木架子和柏树枝搭建好柏枝蓬，柏枝蓬宽5～6米，高5米左右，外形与农村常见的过街牌坊相似，不影响正常通行。正月初七古刹大会晚上，放烟火的艺人用大坩埚（熔化铁块的器具）把生铁块熔化成铁汁，再用火钳夹一个小坩埚，从大坩埚内舀出铁汁撒向半空，另一个人眼疾手快用木锨接住半空的铁汁打向烟火棚，点燃烟火棚上的烟花、爆竹，铁汁打在木锨上，火花四溅，与烟花、爆竹一起发出噼里啪啦的响声，这时的夜空流光溢彩，灿烂夺目。

打铁礼花的人讲究技术，打出的铁礼花要高，且越多越好看，打铁礼花者多为青壮年，力气大，反应快。铁礼花艳丽光彩，打在树上寓意铁树开花，表达了百姓对新年的祈望和祝福。打铁礼花随后逐步演变成为欢度佳节社火活动中必不可少的项目。

打铁礼花的传统活动从一个侧面反映了旧时大金店地区高超的冶铁技术，体现了劳动人民勤劳勇敢的精神和对生活的热情。现在打铁礼花活动已接近濒危。

（四）金颖大鼓

鼓是中国最古老的乐器之一，据说在公元696年，武则天登嵩山举行声势浩大的封禅大典时，登封的百姓曾组织嵩颖大鼓表演，隆重地欢迎武则天一行，从此嵩颖大鼓就在嵩山颖河一代盛行。嵩颖大鼓就是金颖大鼓的前身。

金颖大鼓是由鸟飞、禽游、鹤鸣、射箭等鼓路组成，如双飞雁、鸳鸯涛、麻雀闹、箭射杨七等。其鼓点新颖，风格独特，节奏明快，优美动听，能使人精神振奋，心情愉悦。

金颖大鼓是在劳动、生产、生活中发展壮大的，已成为人民群众喜闻乐见、普及最广、参与性最强的民间娱乐活动，表达了人们对新年的祝福，逐渐成为欢度佳节社火活动中不可或缺的项目。

（五）印子烧饼

大金店镇的粮食作物主要是小麦、玉米、红薯、谷子等，因此大金店老街群众日常也以面食为主。

烧饼是传统烤烙面食，品种繁多。登封地区主要制作芝麻焦盖烧饼，大金店老街的烧饼会在有芝麻的一面中间印一个印子，因此得名印子烧饼。印子烧饼始于南宋时期，起初叫火烧，或叫锅贴（如图6-15至6-20）。

图 6-15　印子烧饼　　　　　　　　　　　　　　图 6-16　印子烧饼

图 6-17　印子烧饼

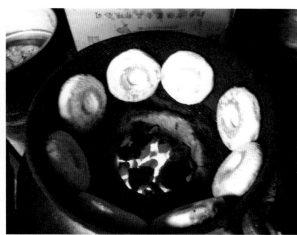

图 6-18　印子烧饼

图 6-19　印子烧饼

图 6-20　印子烧饼

　　传说，金兀术进占中原时，行军到大金店军需不足，官兵饥饿难耐，便到一王姓老汉摊前买火烧，吃后感觉甚好，金兀术命部属继续买来食用。当时金人在大金店驻扎军队，天天都要买火烧给金兀术。

　　卖火烧的老汉从别人那里听说大奸臣秦桧勾结金人，使中原遭受战乱之苦。为了让天下人都知道秦桧是奸臣，便自己刻了字，在火烧中间印上了"秦"字。买烧饼的人食用时，将秦字吃掉，以泄心中仇恨。金人中通晓汉字的不多，也没太在意，照常买着食用。

当时大金店老街做烧饼的人有50多户，见王老汉给烧饼打上印子卖得好，打听缘由之后纷纷效仿，印子烧饼从此传开。后来，有人把印子中间的"秦"字变成"金"字，表示是大金店出产的烧饼。再后来，有的商户为了传名声，打上了自己的姓氏，出现了"李""王""岳""刘""常""卢"等字样。

印子烧饼出现以来，延续到现在的传统有两点：一是烧饼中间的印子没有变，约4厘米大小，二是单面撒芝麻的做法没有改变。

据了解，以前做烧饼卖烧饼的，在大金店主要是一些穷苦人家，他们自己吃黑面，留下白面做烧饼。烧饼的质量好坏主要表现在外观是否好看，芝麻是否均匀，颜色是否金黄，口感是否香脆。一般做烧饼都用死面[1]，不用发面，这样做出来的烧饼香味扑鼻，焦香可口。流传到现在，印子中间以"金"字和"香"字居多。大金店的印子烧饼从金代至今已传了几百年，印子烧饼作为当地传统名吃，一直是大金店的面食特产，长盛不衰，影响了几代人，在登封及周边县市都有较好的声望。

（六）馃子

馃子是面食的一个分支，因用料讲究，制作精细，深受百姓喜爱（如图6-21）。馃子在大金店地区的历史悠久，可追溯到宋朝。当时馃子是达官贵人的休闲食品，也是皇家官府办公熬夜时正餐之外的补充食品，

---

[1]　一般称未经发酵的面为死面，相反，经发酵的面即是发面。

图 6-21　馃子

官府称此类食品为点心，现代人叫作糕点。馃子在民间主要是作为探亲
友的馈赠礼品，进入现代，馃子是娶媳嫁女之家必备，民间摆供常用。
随着群众生活水平的不断提高，馃子已从少数人享用的高档食品进入寻
常百姓家，成为大众食品之一。

　　大金店的馃子讲究用料，面粉只用小麦加工的精细面粉，俗称头遍
面、飞罗面，有些品种也使用江米面。油品用芝麻油，不用棉籽油，有
的品种使用猪油。另外还需要冰糖、青丝、红丝、芝麻仁、花生仁、核
桃仁等。

　　大金店的馃子种类多，有四瓣花、石榴花、兰花根、辘辘圈、空心
糖、马蹄酥、琵琶酥、大头酥、桃酥、斜子块、芙蓉糕、夹渣糕、快二刀、
陀螺、相眼、百合、密食、馓子、橘饼、虎牙（又称密角）、芝麻果等。

　　大金店的馃子根据制作工艺不同分为炉货和油货两大类。

　　炉货是将做好的半成品馃子放入平底圆形锅（类似现在煎水煎包的锅）内加盖，用炉火烘烤，边烤边不停地移动、翻动。为了受热均匀，在锅边上穿四根铁链子，上边一个活动环，可以让锅三百六十度转动，烤到内熟外黄、香味扑鼻方才出锅。炉货的馃子种类有马蹄酥、琵琶酥、桃酥、四瓣花、花瓣形（如图6-22），好吃又好看，炉货的关键技术是掌握火候，没有一定的功夫做不出满意的成品馃子。

　　油货即将做好的半成品馃子放入高温油锅内炸制（如图6-23至6-25）。油货最难掌握的是油的温度，过高过低都不行，火候和油温要配合到位，火候不到容易夹生，外熟内生，火候过了易焦。尤其是一些品种在制作时要留有余地，稍显花样，入油锅后花样凸显定型。

　　馃子的包装也十分讲究。包装因用料不同分为高档包装、纸盒包装、麻纸包装三种。高档包装是用桐木板制成果匣，长5寸，宽4寸，上有盖

图 6-22　炉货（花瓣形）　　　　　　　　　　　图 6-23　油货（辘辘圈）

图 6-24   油货（蜜角）   图 6-25   油货（芝麻果）

板入槽，抽送自如。用这种包装的叫匣果，内装馃子质量高，果盖处加压大红彩印金纸，纸绳绑扎，预留手提纸绳。这种包装既高档又美观，满足了图排场、讲阔气的心理需要。纸盒包装是用纸盒加压大红彩印金纸，纸绳绑扎。麻纸包装即用麻纸包裹，加压大红彩印金纸，纸绳捆扎。麻纸包装经济实惠，串亲戚，瞧朋友，掂一斤馃子，价格不贵，还送了人情。无论哪种包装形式，里面的馃子数量一样，2~3个品种混装。

1949年之前制作加工馃子的商户多，产量高，馃子销路好。目前有些商户后继乏人，技艺已经失传。继续从事馃子制作的也年事已高，他们的馃子品种和花样少，在市场上竞争力不高。现在超市里的糕点多是商家从外地进货，鲜见本地产品。

（七）鸡瓜子汤

水席是洛阳一带的特色传统名宴，属于豫菜系。洛阳水席始于唐代，至今已有1000多年的历史，是中国迄今保留下来的历史最久远的名宴之一。大金店西通洛阳，受洛阳影响也流行吃水席，且汲取东南西北饮食技艺之长，形成了大金店独有的特色。

大金店的水席俗称十三碗，鸡瓜子汤便是其中之一，其营养丰富，不油不腻，老少皆宜（如图6-26）。鸡瓜子汤创制于一百多年前，据说创制者是大金店常家拐的常旦老先生，至今传至第五代。

到大金店品尝过这道汤菜的人对鸡瓜子汤的印象非常深刻。一直以来，鸡瓜子汤的制作工艺不断提高，普及速度逐年加快，发展到21世纪，已普及到县城和市区各大宾馆酒店。

鸡瓜子汤的制作工艺复杂，工序严格，刀法独特。首先将鸡脯用菜刀的刀背砸成肉泥，再用刀刃把肉泥剁碎，加入适量淀粉等调料搅拌均

图6-26 鸡瓜子汤

匀，将炼净的猪板油烧至40℃左右，放入肉糊，炸至泛白出锅，鸡瓜子汤的主料就制作完成。再将清油烧至60℃左右，把葱、姜、蒜末下锅，炒出香味兑入高汤，将主料加入汤锅，煮到沸腾，把木耳、黄花菜、鸡蛋饼、辣椒丝、葱段入锅，加入调料，勾芡，就制作完成。上席面的鸡瓜子汤五色齐全，色香味美。

鸡瓜子汤从创制发展到今天，经历了比较曲折的过程。在旧社会，知道这道汤菜的人少，会做的人更少，且主料鸡脯比较昂贵，因而只在大户的掌柜和太太们中间流行，用于招待尊贵的客人。普通人家虽然知道鸡瓜子汤，皆因师傅难请、用料挑剔而无缘品尝。遇到战乱和灾荒年景，会做这道汤菜的师傅们要讨荒糊口，出外谋生，鸡瓜子汤的手艺就被搁置了。新中国成立前夕，制作这道汤菜的师傅想了一个办法以解鸡脯难找之急，即用猪里脊肉代替。初品食者吃不出鸡脯和猪里脊肉的区别，经亲手制作的师傅们亲口说明，方才知晓。

随着人们生活水平的提高，特别是改革开放以来，大金店老街的鸡瓜子汤焕发出了新的生机和活力。大金店老街无论红事（婚庆、喜庆）、白事（热丧、周年纪念、立碑）或其他重要事件，待客都使用鸡瓜子汤。昔日被视为身份、地位、经济实力象征的鸡瓜子汤，已成为普通百姓餐桌上的菜肴，满足了大众的饮食需要。时至今日，大金店老街人创制的鸡瓜子汤已进入了宾馆、酒店，影响日益扩大。

后　记

　　民居建筑文化遗产保护由重视具有重大价值的单体建筑（建筑群）发展到重视反映传统风貌、地方民族特色的片区，再到注重物质文化和非物质文化活态传承及农耕文明存续状态的传统村落，并通过法律、行政手段将其纳入了较完整的保护体系之中。

　　河南的民居研究及保护工作起步相对较晚，以郑州地区为例，除了康百万庄园等列入"国保""省保"单位以外，大量民居及其价值仍未被认知，未得到深入挖掘。特别是第三次文物普查以来，大量以往未被关注的老百姓的建筑被列入不可移动文物名录。但由于知名度不高，往往被认为没有较大的研究价值和意义。相关研究中仅提及个别案例，其余涉及甚少。因此，我们希望通过深入的调查，力求尽可能多地挖掘其历史文化信息，记载村庄的现实状况，以求今后通过深层次的研究做出客观的学术评价，为推进活态的持续发展奠定基础。

　　对于大金店的调查工作，最早开始于2014年6月，由于多方原因，工作时断时续，调查工作进行艰难，但无论怎样我们的目标始终明确，陆续组织了十余次较为细致的调查，最终得以完成书稿。书中力求客观论述大金店的信息，但由于水平有限，难免有疏漏和不当之处，欢迎广大读者批评指正。

　　在调研工作进行期间，我们得到了各方面的帮助和支持。

　　首先感谢郑州轻工业大学为我们提供了宽松的科研平台和良好的科研条件，艺术设计学院领导在研究工作方面给予了极大的关心和支持。感谢郑州轻工业大学研究生处、艺术设计学院研究生科等部门给予支持与帮助。感谢参与调查的郑州轻工业大学艺术设计学研究生王瑶瑶、高慧丽、戴问源、员丽娜、张梦迪同学，参与调研的郑州轻工业大学艺术设计学院及国际教育学院的彭琪、刘森泰、唐艺闻、李俏文、纪慧敏、卢秋霞、王银旗、杨海、黄振强、谢榆佺同学。特别感谢参与调研并在后期的数据整理中做出大量工作的张梦迪同学。还有原大金店人民公社副书记王毛、王占敏老师及朴实、热情的村民们，他们的支持与帮助给予我们巨大的精神鼓舞。感谢默默支持着我们的亲人和朋友。另外，研究工作也得到河南省住房和城乡建设厅村镇处领导及专家的帮助与指导，在此一并表示衷心的感谢。

本书以及相关的前期研究与后期工作还得到了以下项目的资助：河南省哲学社会科学规划项目（2019BYS027），河南省教育厅人文社会科学研究基金（2013-ZD-098）（2019-ZZJH-603），郑州轻工业大学博士科研启动基金（2013BSJJ070），郑州轻工业大学研究生科技创新基金（2015、2016、2017、2018年度）等。

宗　迅

2018年12月